# Dieseleinspritztechnik im Überblick

Die Einspritzpumpe von Bosch brachte den Dieselmotor zum Laufen.
Seit den zwanziger Jahren bis heute hat die konsequente Weiterentwicklung der Dieseleinspritzpumpen zu einem hohen Stand an technischer Reife geführt.
Die mechanische oder elektronische Dieselregelung macht es heute möglich, für jeden Betriebszustand des Motors die richtige Einspritzmenge zuzumessen und den richtigen Spritzbeginn einzustellen. Zur Erfüllung kommender strenger Abgasgesetze bietet die elektronische Dieselregelung besondere Vorteile, da sich mit ihr verschiedene mit engen Toleranzen verknüpfte Motor- und Umweltparameter verarbeiten lassen. Damit können noch mehr Wirtschaftlichkeit, noch weniger Schadstoffanteile im Abgas und eine verbesserte Laufkultur erreicht werden.
Dieses Heft soll Ihnen einen Überblick über die gesamte Einspritztechnik für Fahrzeug-Dieselmotoren vermitteln.

**Dieselverbrennung**
Dieselmotor 2
Dieselverfahren und Betrieb 4
Dieselkraftstoffe 16
Gemischaufbereitung 18
Schadstoffe im Abgas 24
Abgasnachbehandlung 26
Abgasprüftechnik 28
Abgasgrenzwerte 43

**Dieseleinspritzsysteme im Überblick**
Anwendungsgebiete, Anforderungen 46
Bauarten 48

# Dieselverbrennung

**Der Dieselmotor ist ein Selbstzündungsmotor. Die für die Verbrennung benötigte Luft wird im Brennraum hoch verdichtet. Dabei entstehen hohe Temperaturen, bei denen sich der eingespritzte Dieselkraftstoff selbst entzündet.**

Der Dieselmotor ist die Verbrennungskraftmaschine mit dem höchsten Gesamtwirkungsgrad (bei großen langsam laufenden Ausführungen mehr als 50 %). Der damit verbundene niedrige Kraftstoffverbrauch, die schadstoffarmen Abgase und das z. B. durch Voreinspritzung verminderte Geräusch unterstreichen die Bedeutung des Dieselmotors.
Dieselmotoren können sowohl nach dem Zweitakt- als auch nach dem Viertaktprinzip arbeiten. Im Kraftfahrzeug kommen meist Viertaktmotoren zum Einsatz (Bilder 1 und 2).

## Arbeitszyklus

Beim Viertakt-Dieselmotor steuern Gaswechselventile den Gaswechsel. Sie öffnen oder schließen die Ein- und Auslasskanäle zu den Zylindern.

### 1. Takt: Ansaugtakt
Während des Ansaugtaktes bewegt sich der Kolben nach unten. Luft strömt ungedrosselt durch das geöffnete Einlassventil in den Brennraum des Motors.

### 2. Takt: Verdichtungstakt
Im Verdichtungstakt wird die im Brennraum eingeschlossene Luft entsprechend dem ausgeführten Verdichtungsverhältnis $\varepsilon$ (14 : 1 ... 24 : 1) durch die Kolbenaufwärtsbewegung komprimiert. Sie erwärmt sich dabei auf Temperaturen bis zu 900 °C. Gegen Ende des Verdichtungsvorganges spritzt die Einspritzausrüstung den Kraftstoff unter hohem Druck (bis zu 2050 bar) in die erhitzte Luft ein.

### 3. Takt: Arbeitstakt
Nach Verstreichen des Zündverzugs (einige Grad Kurbelwellenwinkel) verbrennt der fein zerstäubte zündwillige Dieselkraftstoff zu Beginn des Arbeitstaktes durch Selbstzündung. Dadurch erhitzt sich die Zylinderladung weiter und der Druck im Zylinder steigt nochmals an. Die durch die Verbrennung frei gewordene Energie wird zu einem großen Teil in Bewegungsenergie des Kolbens umgewandelt. Ein Kurbeltrieb wandelt diese Energie in ein an der Kurbelwelle zur Verfügung stehendes Drehmoment.

### 4. Takt: Ausstoßtakt
Im Verlauf des Ausstoßtaktes bewegt sich der Kolben aufwärts. Er stößt die verbrannte Zylinderladung durch das geöffnete Auslassventil aus. Für den

Bild 1

**Prinzip des Hubkolbenmotors.**
1 Brennraum,
2 Kolben,
3 Kurbeltrieb,
4 Zylinder,
5 Kurbelwelle.
OT oberer Totpunkt,
UT unterer Totpunkt,
$V_h$ Hubvolumen,
$V_C$ Kompressionsvolumen,
$s$ Kolbenhub.

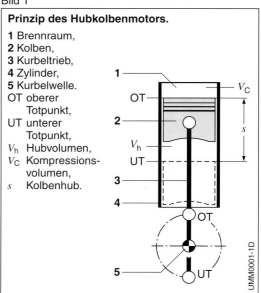

nächsten Arbeitszyklus strömt dann wieder Frischluft in den Brennraum.

## Brennräume und Aufladung

Bei Dieselmotoren kommen Verfahren mit geteilten und ungeteilten Brennräumen (Kammermotoren/Direkteinspritzmotoren) zur Anwendung.
Direkteinspritzmotoren (Direct Injection engine DI) haben einen höheren Wirkungsgrad und arbeiten wirtschaftlicher als Kammermotoren (Indirect Injection engine IDI). Sie kommen daher bei allen Nkw und bei den meisten neueren Pkw zum Einsatz. Das härtere Verbrennungsgeräusch der Direkteinspritzmotoren kann mit einer (geringen) Voreinspritzung auf das niedrigere Geräuschniveau von Wirbel- bzw. Vorkammermotoren gebracht werden. Der Anteil der IDI-Motoren nimmt wegen ihres höheren Kraftstoffverbrauchs immer mehr ab.
Neben der Voreinspritzung (zur $NO_X$- und Geräuschsenkung) wird auch die Nacheinspritzung (zur Rußverminderung) erfolgreich erprobt.
Der Dieselmotor eignet sich besonders für die Aufladung, da er nur Luft verdichtet. Die Aufladung erhöht nicht nur die Leistungsausbeute und verbessert somit den Wirkungsgrad, sondern vermindert zudem die Schadstoffe im Abgas und das Verbrennungsgeräusch.

## Abgas des Dieselmotors

Die Verbrennungsprodukte des Dieselmotors sind von der Motorauslegung, der Motorleistung, der Drehzahl und der Arbeitslast abhängig.
Der Anteil der Schadstoffe beträgt bei Teillast z. B. ca. 0,1 % der Abgasmasse.
Die Auslegung des Brennverfahrens (Brennraummulde, Luftbewegung, Luftüberschuss, Lufttemperatur durch Ladeluftkühlung, Verdichtung, Abgasrückführung) und die Applikation des Einspritzsystems (Einspritzdruck, Einspritzverlauf, Spritzbeginn) beeinflussen die Schadstoffbildung wesentlich. Neben den vollständigen Verbrennungsprodukten Wasser ($H_2O$) und Kohlendioxid ($CO_2$) werden folgende, zum Teil gesetzlich limitierte, Schadstoffe ausgestoßen:
- Kohlenmonoxid (CO),
- unverbrannte Kohlenwasserstoffe (HC),
- Stickstoffoxide ($NO_X$),
- Partikel (Ruß, HC, Sulfate, Abrieb, Schmutz und Wassertröpfchen) und
- Schwefeldioxid ($SO_2$).

Schwefeldioxid und Sulfate entstehen durch im Kraftstoff gelösten Schwefel. Direkt wahrnehmbare Schadstoffkomponenten sind (insbesondere bei kaltem Motor) nicht oder nur teilweise verbrannte Kohlenwasserstoffe in Tröpfchenform (Weiß- oder Blaurauch), Schwarzrauch (Ruß) und geruchsintensive Aromaten sowie Aldehyde.

*Dieselverbrennung*

Bild 2

**Viertakt-Dieselmotor.**

**a** Ansaugtakt, **b** Verdichtungstakt, **c** Arbeitstakt, **d** Ausstoßtakt.
**1** Einlassventil **2** Einspritzdüse, **3** Auslassventil. $M$ Drehmoment, $\alpha$ Kurbelwellenwinkel.

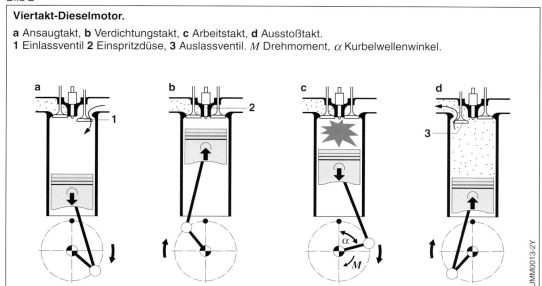

*Dieselverbrennung*

# Dieselverfahren und Betrieb

## Verbrennungsverfahren

### Vorkammerverfahren

Beim Vorkammerverfahren für Pkw-Dieselmotoren wird der Kraftstoff in eine heiße Vorkammer eingespritzt, in der eine Vorverbrennung eine gute Gemischaufbereitung mit reduziertem Zündverzug für die Hauptverbrennung einleitet (Bild 1). Das Einspritzen des Kraftstoffs erfolgt dabei mit einer Drosselzapfendüse unter relativ niedrigem Druck (bis 300 bar). Eine speziell gestaltete Prallfläche in der Kammermitte zerteilt den hier auftreffenden Strahl und vermischt ihn intensiv mit Luft. Die einsetzende Verbrennung treibt das teilverbrannte Luft-Kraftstoff-Gemisch durch Bohrungen am unteren Ende der Vorkammer unter weiterer Erwärmung in den Hauptbrennraum über dem Kolben.

Hier finden eine intensive Vermischung mit der Luft des Hauptbrennraumes und die Fortsetzung und der Abschluß der Verbrennung statt. Kurzer Zündverzug und gesteuerte Energiefreisetzung bei insgesamt niedrigem Druckniveau im Hauptbrennraum führen zu einer „weichen" Verbrennung mit niedriger Geräuschentwicklung und Triebwerkbelastung. Eine optimierte Version der Vorkammer ermöglicht eine noch schadstoffärmere Verbrennung und durchschnittlich 40% weniger Partikel im Abgas. Durch eine geänderte Vorkammerform mit Verdampfungsmulde sowie geänderte Form und Lage der Prallfläche („Kugelstift") bekommt die Luft, die beim Komprimieren aus dem Zylinder in die Vorkammer strömt, einen vorgegebenen Drall. In Strömungsrichtung der Luft wird Kraftstoff unter einem Winkel von 5 Grad zu der Vorkammerachse eingespritzt (Bild 1). Um den Verbrennungsablauf nicht zu stören, sitzt die Glühkerze im Abwind des Luftstroms. Ein gesteuertes Nachglühen bis zu 1 Minute nach dem Kaltstart (abhängig von Kühlwassertemperatur) trägt zur Abgasverbesserung und Geräuschminderung in der Warmlaufphase bei.

### Wirbelkammerverfahren

Bei diesem in Pkw-Dieselmotoren angewandten Verfahren wird die Verbrennung ebenfalls in einem Nebenraum eingeleitet. Das Brennverfahren benutzt einen kugel- oder scheibenförmigen Nebenbrennraum (Wirbelkammer) mit einem tangential einmündenden Verbindungskanal (Schußkanal) zum Zylinderraum (Bild 2).
Während des Verdichtungstakts wird die über den Schußkanal eintretende Luft in

Bild 1

**Vorkammerverfahren.**

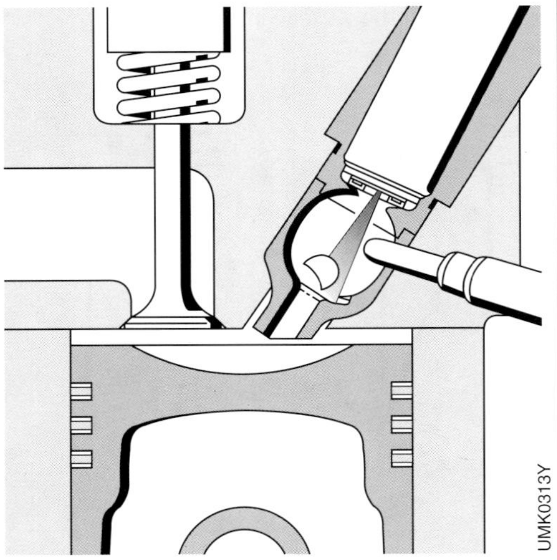

Bild 2

**Wirbelkammerverfahren.**

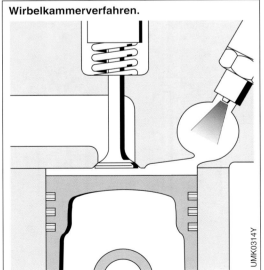

eine Wirbelbewegung gebracht und der Kraftstoff in diesen Wirbel eingespritzt. Die Lage der Düse ist so gewählt, daß der Kraftstoffstrahl den Wirbel senkrecht zu seiner Achse durchdringt und auf der gegenüberliegenden Kammerseite in einer heißen Wandzone auftrifft.

Mit Beginn der Verbrennung wird das Luft-Kraftstoff-Gemisch durch den Schußkanal in den Zylinderraum gedrückt und mit der dort noch vorhandenen restlichen Verbrennungsluft vermischt. Gegenüber dem Vorkammerverfahren sind die Strömungsverluste zwischen dem Hauptbrennraum und der Nebenkammer beim Wirbelkammerverfahren geringer, da der Überströmquerschnitt größer ist. Dies führt zu einer geringeren Ladungswechselarbeit mit entsprechendem Vorteil für den inneren Wirkungsgrad und den Kraftstoffverbrauch. Gleichzeitig ist es wichtig, daß die Gemischbildung möglichst vollständig in der Wirbelkammer erfolgt. Gestaltung der Wirbelkammer, Anordnung und Gestalt des Düsenstrahls und auch die Lage der Glühkerze müssen sorgfältig auf den Motor abgestimmt sein, um bei allen Drehzahlen und Lastzuständen eine gute Gemischaufbereitung zu erzielen. Eine weitere Forderung ist das schnelle Aufheizen der Wirbelkammer nach dem Kaltstart. Damit reduziert sich der Zündverzug, und man vermeidet beim Warmlauf das Entstehen unverbrannter Kohlenwasserstoffe (Blaurauch) im Abgas.

### Direkteinspritzverfahren

Beim Direkteinspritzverfahren, bisher im wesentlichen in Nutzfahrzeug- und Stationärdieselmotoren aller Größen angewandt, verzichtet man auf die Gemischaufbereitung in der Nebenkammer. Der Kraftstoff wird direkt in den Verbrennungsraum über dem Kolben eingebracht (Bild 3). Die bisher beschriebenen Vorgänge wie Kraftstoffzerstäubung, -erwärmung, -verdampfung und -vermischung mit der Luft müssen daher in einer kurzen zeitlichen Abfolge stehen. Dabei werden sowohl an die Art der Kraftstoffzuführung als auch an die Luftzuführung beim Ansaugen hohe Anforderungen gestellt. Wie beim Wirbelkammerverfahren wird während des Ansaug- und Verdichtungstakts ein Luftwirbel erzeugt.

Dies geschieht durch die besondere Form des Ansaugkanals im Zylinderkopf. Auch die Gestaltung der Kolbenoberfläche mit eingearbeitetem Brennraum trägt zur Luftbewegung am Ende des Verdichtungshubs, d.h. zu Beginn der Einspritzung, bei.

Von den im Laufe der Entwicklung des Dieselmotors angewandten Brennraumformen findet heute die zylindrische Kolbenmulde eine breite Verwendung, da sie einen Kompromiß zwischen ökonomischer Herstellung und zweckmäßiger Luftführung bietet.

Neben einer guten Luftverwirbelung muß auch der Kraftstoff räumlich gleichmäßig verteilt zugeführt werden, um eine schnelle Vermischung zu erzielen. Im Gegensatz zum Nebenkammermotor mit seiner Einstrahl-Drosselzapfendüse verwendet man beim Direkteinspritzverfahren eine Mehrlochdüse. Ihre Strahllage muß in Abstimmung mit der Brennraumauslegung optimiert sein.

In der Praxis wendet man bei der Direkteinspritzung zwei Methoden an:
– Unterstützung der Gemischaufbereitung durch gezielte Luftbewegung und
– Beeinflussung der Gemischaufbereitung nahezu ausschließlich durch die

Bild 3

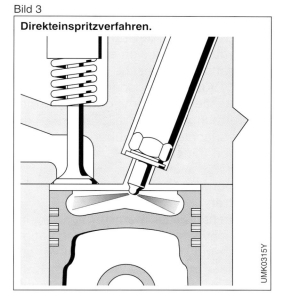

Direkteinspritzverfahren.

*Dieselverbrennung*

Kraftstoffeinspritzung unter Vermeidung einer gezielten Luftbewegung.

Im zweiten Fall ist keine Arbeit für die Luftverwirbelung aufzuwenden, was sich in geringerem Gaswechselverlust und besserer Füllung bemerkbar macht. Gleichzeitig aber entstehen erheblich höhere Anforderungen an die Einspritzausrüstung bezüglich Lage, Anzahl der Düsenlöcher und Feinheit der Zerstäubung durch kleine Spritzlochdurchmesser sowie sehr hohem Einspritzdruck zum Erreichen der erforderlichen kurzen Einspritzdauer.

Bei dem bisher beschriebenen Direkteinspritzverfahren erzielt man die Gemischaufbereitung durch die Vermischung und Verdampfung von Kraftstoffteilchen mit den sie umgebenden Luftteilchen (luftverteilendes Verfahren). Bei dem Direkteinspritzverfahren mit Wandanlagerung spritzt dagegen der Kraftstoff gezielt auf die Wandung im Verbrennungsraum, wo er verdampft und von Luft abgetragen wird.

### M-Verfahren

Bei diesem Direkteinspritzverfahren mit Wandanlagerung für Nutzfahrzeug- und Stationärdieselmotoren verwendet man den Wärmeinhalt der Muldenwand für die Verdampfung des Kraftstoffes und stellt durch geeignete Führung der Verbrennungsluft das Luft-Kraftstoff-Gemisch her (Bild 4). Das Verfahren arbeitet mit einer Einstrahldüse mit relativ niedrigem Einspritzdruck. Bei richtiger Abstimmung der Luftbewegung im Brennraum lassen sich sehr homogene Luft-Kraftstoff-Gemische erzielen mit langer Verbrennungsdauer, geringem Druckanstieg und damit geräuscharmer Verbrennung, aber mit einem Verbrauchsnachteil gegenüber den luftverteilenden Verfahren.

### Vergleich der Verbrennungsverfahren

Die Nachteile der Kammermotoren im Geräuschverhalten beziehen sich hauptsächlich auf den Kaltlauf, das heißt auf die Phase unmittelbar nach dem Kaltstart. Eine ungenügende Gemischaufbereitung – nicht zuletzt bedingt durch die Abgabe der Wärme an die Kammerwände – führt zu relativ langen Zündverzügen und zu einem nagelnden Verbrennungsgeräusch. Der Wirbelkammermotor hat außerdem auch bei Warmlauf im Bereich kleiner Lasten und Drehzahlen die Tendenz zu stärkerem Verbrennungsgeräusch. Das Vorkammerverfahren weist dagegen bezüglich Kammertemperatur und Zündverzug Vorteile auf. Der Hauptvorteil des Direkteinspritzers liegt in einem bis zu 20% günstigeren Kraftstoffverbrauch gegenüber den Kammermotoren.

Nachteilig dagegen ist beim Direkteinspritzer das Verbrennungsgeräusch (insbesondere in der Phase der Beschleunigung) und die begrenzte Maximaldrehzahl. Grundsätzlich benötigt der Direkteinspritzer höhere Einspritzdrücke und damit eine aufwendigere Einspritzanlage.

Bei Einsatzbedingungen, bei denen der Kraftstoffverbrauch und damit die Wirtschaftlichkeit entscheidend sind, überwiegen die Vorteile eines Direkteinspritzers. Intensive Entwicklungsarbeiten hinsichtlich der Gemischbildung unter Einbeziehung der Einspritzanlage haben dem Direkteinspritzer auch beim Pkw bereits Eingang verschafft.

Bild 4

**M-Verfahren.**

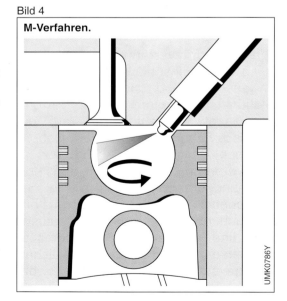

## Aufladeverfahren

Die Aufladung als Mittel zur Leistungssteigerung ist bei großen Dieselmotoren für Stationär- und Schiffsantriebe sowie bei Nkw-Dieselmotoren seit langem bekannt. Sie findet auch bei schnellaufenden Fahrzeug-Dieselmotoren für Pkw zunehmend Anwendung. Im Gegensatz zum Saugmotor wird beim aufgeladenen Motor die Luft unter Überdruck dem Motor zugeführt. Damit erhöht sich die Luftmasse im Zylinder, die mit einer entsprechend höheren Kraftstoffmenge zu einer höheren Leistungsausbeute bei gleichem Hubraum führt.

Der Wert der Luftmasse liegt um so höher, je niedriger die Lufttemperatur ist (bei sonst gleichen Bedingungen). Zu diesem Zweck läßt sich ein Ladeluftkühler mit der Aufladung kombinieren. Er hat außerdem den Vorteil, daß die thermische Belastung des Zylinderraums reduziert werden kann.

### Mechanische Aufladung

Bei mechanischen Aufladung wird der Druckerzeuger direkt durch den Motor angetrieben. Die Verdichter-Antriebsleistung reduziert jedoch die Motor-Nutzleistung. Ein bedarfsweises Zuschalten über eine Kupplung verbessert bei Teillast die Wirtschaftlichkeit des mechanisch aufgeladenen Motors, erhöht aber gleichzeitig die Kosten. Jüngste Entwicklung ist ein Spiralkolben-Lader, der über einen breiten Drehzahlbereich günstige Liefergrade bietet und besonders bei kleinen Motoren möglicherweise als Alternative zur Abgasturboladung angesehen werden kann.

### Abgasturboaufladung

Mit dem Abgas des Verbrennungsmotors geht ein großer Anteil an Energie verloren. Es liegt daher nahe, diese Energie für die Druckerzeugung im Ansaugrohr nutzbar zu machen, indem über eine Abgasturbine ein Strömungsverdichter angetrieben wird. Beide Strömungsmaschinen zusammen bilden den Abgasturbolader (Bild 5). Für Stationärbetrieb mit konstanter Drehzahl läßt sich das Turbinen- und Laderkennfeld auf einen günstigen Wirkungsgrad und damit hohe Aufladung abstimmen. Schwierig wird jedoch die Auslegung für einen instationär betriebenen Fahrzeugmotor, bei dem man insbesondere bei Beschleunigung aus kleiner Drehzahl ein hohes Drehmoment erwartet. Niedrige Abgastemperatur, geringe Abgasmenge und die Massenbeschleunigung des Turboladers selbst verzögern bei Beschleunigungsbeginn den Druckaufbau im Verdichter. Diese Erscheinung wird als „Turboloch" bei turboaufgeladenen Pkw-Motoren bezeichnet.

Besonders für die Aufladung in Pkw und Nkw wurden Turbolader entwickelt, die durch ihre geringen Eigenmassen schon bei kleinen Abgasströmen ansprechen. Mit solchen Turboladern läßt sich das Fahrverhalten – dies gilt besonders für den unteren Drehzahlbereich – deutlich verbessern.

Zur Begrenzung und zur Einstellung des Ladedrucks und auch zum Schutz des

Bild 5

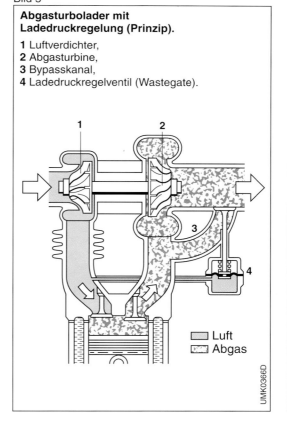

**Abgasturbolader mit Ladedruckregelung (Prinzip).**

**1** Luftverdichter,
**2** Abgasturbine,
**3** Bypasskanal,
**4** Ladedruckregelventil (Wastegate).

Luft
Abgas

*Dieselverbrennung*

Turboladers muß man bei höherer Last und Drehzahl des Motors den Abgasstrom zur Turbine begrenzen. Das Ladedruckregelventil (engl.: Wastegate) öffnet, wenn der Ladedruck einen vorgebenen Maximalwert erreicht. Dadurch fließt ein Abgasteilstrom durch den Bypasskanal direkt in das Abgasrohr.

In einer Variante bezüglich der Einstellung des Ladedruckes wird die Anströmung der Schaufeln der Abgasturbine im Turbolader verändert und darüber der Ladedruck beeinflußt. Diese variable Turbinengeometrie kann über eine elektronische Regelung optimal an das gesamte Motorkennfeld angepaßt werden.

### Druckwellenaufladung

Eine Aufladungsvariante ist der auch unter dem Namen „Comprex"® bekannte Druckwellenlader (Bild 6). Durch eine besondere Auslegung der Zellenräume eines vom Motor angetriebenen Zellenrades wird über die Druckwellen des Abgasstromes eine Druckerhöhung im Frischgasstrom erzeugt. Wesentliches Merkmal dieser Druckwellenaufladung ist der direkte Energieaustausch zwischen Abgas und Ladeluft ohne zwi-

Tabelle 1. **Vergleichsdaten für Otto- und Dieselmotoren.**

| Motorart | Drehzahl | Verdichtungsverhältnis | Mitteldruck | Hubraumleistung | Leistungsgewicht | Kraftstoffverbrauch | Drehmomenterhöhung |
|---|---|---|---|---|---|---|---|
| | $min^{-1}$ | $\varepsilon$ | bar | kW/l | kg/kW | g/kWh | % |
| Ottomotor für Pkw | | | | | | | |
| Saugmotor | 4500...7500 | 8...12 | 8...11 | 35...65 | 3...1 | 350...250 | 15...25 |
| mit Aufladung | 5000...7000 | 7...9 | 11...15 | 50...100 | 3...1 | 380...280 | 10...30 |
| Ottomotor für Lkw | | | | | | | |
| | 2500...5000 | 7...9 | 8...10 | 20...30 | 6...3 | 380...270 | 15...25 |
| Dieselmotor für Pkw | | | | | | | |
| Saugmotor | 3500...5000 | 20....24 | 7...9 | 20...35 | 5...3 | 320...240 | 10...15 |
| mit Aufladung | 3500...4500 | 20...24 | 9...12 | 30...45 | 4...2 | 290...240 | 15...25 |
| Dieselmotor für Lkw | | | | | | | |
| Saugmotor | 2000...4000 | 16...18 | 7...10 | 10...20 | 9...4 | 240...210 | 10...15 |
| mit Aufladung | 2000...3200 | 15...17 | 10...13 | 15...25 | 8...3 | 230...205 | 15...30 |
| mit LLK[1] | 1800...2600 | 14...16 | 13...18 | 25...40 | 5...2,5 | 225...195 | 20...40 |

[1] LLK Ladeluftkühlung.

Bild 6

**Druckwellenlader (Prinzip).**
1 Motor,
2 Zellenrad,
3 Riemenantrieb,
4 Hochdruck Abgas,
5 Hochdruck Luft,
6 Niederdruck Lufteinlaß,
7 Niederdruck Gasauslaß.

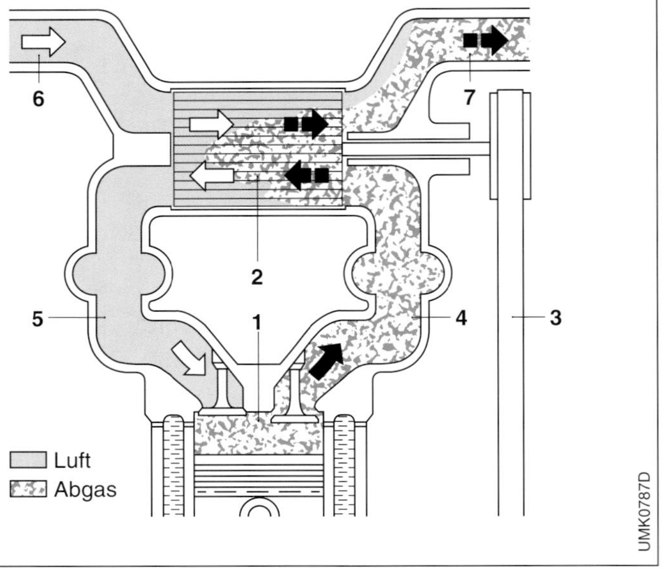

schengeschaltete mechanische Teile. Die Nachteile des verzögerten Ansprechens des Turboladers treten hier nicht auf. Der Druckwellenlader reagiert spontan auf Laständerungen mit einem Ladedruckaufbau. Durch geschickte Auslegung des Zellenrades lassen sich auch im instationären Bereich günstige Drehmomentverläufe erzielen, wie sie mit den anderen Aufladeverfahren in gleicher Weise nicht möglich sind (Bild 7).

Von Nachteil ist allerdings der Platzbedarf von Zellenrad und Abgasrohr am Motor (besonders bei beengten Motorraumbedingungen) sowie die Notwendigkeit, eine geeignete Abstimmung der Gasschwingungen bei allen Lasten und Drehzahlen zu erzielen.

Druckwellenlader haben – ebenso wie mechanische Lader – ein günstiges Ansprechverhalten und sorgen für eine rasche Drehmomentaufnahme beim Beschleunigen. Im Vergleich dazu bietet jedoch ein optimierter Abgasturbolader beim heutigen Stand der Technik wohl den besten Kompromiß aus Funktion und Kosten.

### Vergleich der Aufladeverfahren

Drehmoment und Leistung hängen unter anderem vom Mitteldruck (mittlerer Kolben- bzw. Arbeitsdruck) ab. Der Mitteldruck erreicht bei aufgeladenen kleinen Dieselmotoren Werte, die denen von nicht aufgeladenen Ottomotoren entsprechen, zum Teil werden diese übertroffen (siehe Tabelle 1).

Bei größeren Nutzfahrzeug-Motoren erzielt man eine weitere Steigerung des Mitteldrucks durch höhere Aufladung und Absenkung der Verdichtung, muß dafür aber Beschränkungen bei der Kaltstartfähigkeit hinnehmen. In der hubraumbezogenen Leistung liegen Dieselmotoren wegen niedriger Maximaldrehzahlen bei ungünstigeren Werten als Ottomotoren. Moderne Dieselmotoren für Personenkraftwagen aber erreichen immerhin Nenndrehzahlen bis 5 000 $min^{-1}$.

## Betriebsbedingungen

Die Betriebsbedingungen eines Dieselmotors beruhen auf verschiedenen verfahrenstypischen Zusammenhängen:

Der Kraftstoff wird beim Dieselmotor direkt in die hochverdichtete, heiße Luft eingespritzt, an der er sich selbst entzündet. An Zündgrenzen wie beim Ottomotor ist der Dieselmotor nicht gebunden. Deshalb wird bei vorhandener konstanter Luftmenge im Motorzylinder nur die Kraftstoffmenge geregelt.

Dem Einspritzsystem kommt damit eine entscheidende Bedeutung für die Motor-

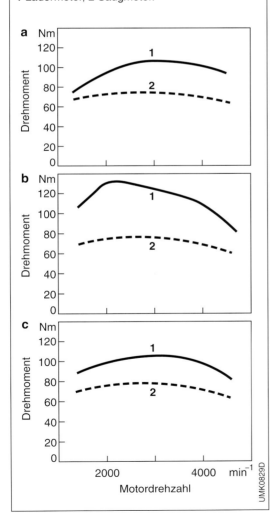

Bild 7

**Vergleich verschiedener Aufladeverfahren mit dem entsprechenden Saugverfahren (stationärer Betrieb).**
a Abgasturbolader,
b Druckwellenlader,
c mechanischer Lader.
1 Ladermotor, 2 Saugmotor.

*Dieselverbrennung*

funktion zu. Es muß die Dosierung des Kraftstoffes und die gleichmäßige Verteilung in der ganzen Ladung übernehmen und dies bei allen Drehzahlen sowie Lasten. Außerdem muß der Zustand der Ansaugluft hinsichtlich Druck und Temperatur mit berücksichtigt werden.

Jeder Betriebspunkt benötigt somit
– die richtige Kraftstoffmenge,
– zur richtigen Zeit,
– mit dem richtigen Druck,
– im richtigen zeitlichen Verlauf und
– an der richtigen Stelle des Brennraums.

Bei der Kraftstoffdosierung müssen häufig zusätzlich zu den Forderungen für die optimale Gemischbildung noch motor- bzw. fahrzeugbedingte Betriebsgrenzen berücksichtigt werden, wie zum Beispiel:
– Rauchgrenze,
– Verbrennungsdruckgrenze,
– Abgastemperaturgrenze,
– Drehzahl- und Drehmomentgrenze des Motors und
– fahrzeug- bzw. gehäusespezifische Belastungsgrenzen.

### Rauchgrenze

Da ein beträchtlicher Teil der Gemischbildung erst während der Verbrennung abläuft, kommt es zu örtlichen Überfettungen und damit zum Teil schon bei mittlerem Luftüberschuß zu einem Anstieg der Emission von Schwarzrauch. Das an der gesetzlich festgelegten Rauchgrenze fahrbare Luft-Kraftstoff-Verhältnis ist ein Maß für die Güte der Luftausnutzung. Kammermotoren fahren an der Rauchgrenze mit einem Luftüberschuß von 10...25%, direkteinspritzende Motoren von 40...50%.

### Verbrennungsdruckgrenze

Da bei Dieselmotoren der während des Zündvorgangs verdampfte und mit der Luft vermischte Kraftstoff bei hoher Verdichtung schlagartig verbrennt, spricht man von einer „harten" Verbrennung. Dabei entstehen hohe Verbrennungsspitzendrücke, die ein vergleichsweise schweres Triebwerk erfordern. Die auftretenden Kräfte bewirken periodisch wechselnde Belastungen der Motorbauteile und begrenzen in Zusammenhang mit deren Dimensionierung und Dauerhaltbarkeit die Verbrennungsdruckhöhe.

### Abgastemperaturgrenze

Eine hohe thermische Beanspruchung der den heißen Brennraum umgebenden Motorbauteile, die Wärmefestigkeit der Abgasanlage und die Temperaturabhängigkeit der Schadstoffanteile im Abgas bestimmen die Abgastemperaturgrenze eines Dieselmotors.

### Drehzahlgrenzen

Der beim Dieselmotor vorhandene Luftüberschuß und die beschriebene Regelung der Kraftstoffmenge bedeuten, daß die Leistung bei konstanter Drehzahl nur von der Einspritzmenge abhängt. Wird dem Dieselmotor Kraftstoff zugeführt, ohne daß ein entsprechendes Drehmoment abgenommen wird, steigt die Motordrehzahl. Wird die Kraftstoffzufuhr vor dem Überschreiten einer kritischen Motordrehzahl nicht reduziert, „geht der Motor durch", d.h. er kann sich selbst zerstören. Eine Drehzahlbegrenzung bzw. -regelung ist deshalb beim Dieselmotor zwingend erforderlich. Vom Dieselmotor als Maschinenantrieb erwartet man, daß auch unabhängig von der Last eine bestimmte Drehzahl konstant gehalten wird bzw. in zulässigen Grenzen bleibt. Beim Dieselmotor als Antrieb von Straßenfahrzeugen muß die Drehzahl mit dem Fahrpedal vom Fahrer frei wählbar sein, wobei die Motordrehzahl bei Entlastung nicht unter die Leerlaufgrenze bis zum Stillstand abfallen darf. Deshalb unterscheidet man bei Regelsystemen zwischen Alldrehzahl- (Verstellregler) sowie Leerlauf- und Enddrehzahlregler.

Unter Berücksichtigung aller genannten Erfordernisse läßt sich für den Betriebsbereich eines Motors ein Kennfeld festlegen. Das Kennfeld (Bild 8) zeigt die Kraftstoffmenge in Abhängigkeit von Drehzahl und Last sowie die erforderlichen Temperatur- und Luft-

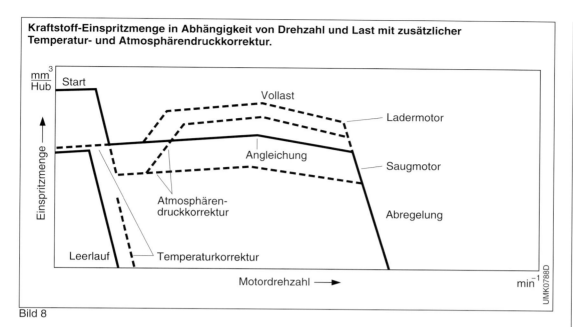

Kraftstoff-Einspritzmenge in Abhängigkeit von Drehzahl und Last mit zusätzlicher Temperatur- und Atmosphärendruckkorrektur.

Bild 8

*Dieselverfahren und Betrieb*

druckkorrekturen. Die Kraftstoffmenge entspricht dabei dem Bedarfsmittelwert aller Zylinder und der mittleren Menge bei einer bestimmten Drehzahl. Wie das folgende Beispiel zeigt, stellen die genannten Betriebsbedingungen hohe Anforderungen an die Genauigkeit des Einpritzsystems:

Bild 9

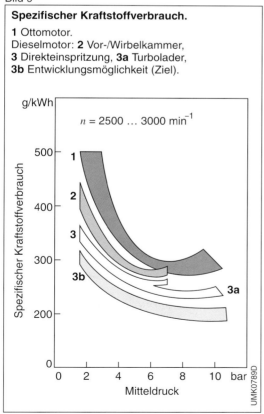

**Spezifischer Kraftstoffverbrauch.**
**1** Ottomotor.
Dieselmotor: **2** Vor-/Wirbelkammer, **3** Direkteinspritzung, **3a** Turbolader, **3b** Entwicklungsmöglichkeit (Ziel).

Die Vollast-Einspritzmenge für einen Vierzylinder-Viertaktmotor mit 75 kW Leistung und einem spezifischen Kraftstoffverbrauch von 200 g/kWh erfordert insgesamt einen Kraftstoffbedarf von 15 kg/h. Dies sind bei einem Viertaktmotor bei 2400 min$^{-1}$ in einer Stunde 288 000 Einspritzungen. Umgerechnet auf eine Einspritzung bedeutet dies eine Kraftstoffmenge von 59 mm$^3$ pro Einspritzung.

Im Vergleich dazu weist ein Regentropfen ein Volumen von ca. 30 mm$^3$ auf. Diese exakte Dosierung muß das Einspritzsystem sowohl für einen Zylinder als auch für die gleichmäßige Verteilung auf die einzelnen Zylinder eines Mehrzylinder-Motors vornehmen. Die rechnerisch ermittelte Einspritzmenge gilt für die Auslegung eines Einspritzsystems als Richtwert. Besonders im unteren Drehzahlbereich wird die Vollastkennlinie durch die Rauchgrenze des Motors und im oberen Drehzahlbereich durch die zulässige Abgas- bzw. Bauteiletemperatur begrenzt.

Die tatsächlich benötigten Kraftstoffmengen werden nach Erfahrungswerten am Motor ermittelt. Eine Auslegung geschieht üblicherweise für Normal Niveau (NN), d.h. die Leistungswerte werden auf dieses Niveau reduziert: Betreibt man den Motor in Höhen über NN, muß die Kraftstoffmenge entsprechend

*Dieselverbrennung*

der barometrischen Höhenformel korrigiert werden. Als Richtwert gilt die Luftdichteverringerung von 7% pro 1000 m Höhe.

Im Gegensatz zum spezifischen Kraftstoffverbrauch, der bei warmem Motor unter konstanten Versuchsbedingungen ermittelt wird (Bild 9), liefert allerdings erst der Kraftstoffverbrauch bei Fahrt praxisgerechte Werte. Insbesondere Pkw werden meist im Kurzstreckenbetrieb mit häufigem Kaltstart und im niedrigen Lastbereich betrieben. Die nötige Kaltlaufanreicherung führt zu deutlichen Verbrauchsunterschieden (Bild 10).

## Betriebszustände

### Start

Das Starten eines Motors umfaßt den Vorgang vom Zünden und Beschleunigen bis zum Selbstlauf. Die im Verdichtungshub erhitzte Luft muß den eingespritzten Kraftstoff entflammen (zünden). Die erforderliche Zündtemperatur für Dieselkraftstoff beträgt ca. 220 °C.

Diese Temperatur muß mit genügender Sicherheit bei möglichst niedriger Drehzahl und tiefen Außentemperaturen mit kaltem Motor gewährleistet sein. Diesen Bedingungen stehen einige physikalische Gegebenheiten entgegen: je niedriger die Motordrehzahl, um so geringer ist der Enddruck der Kompression und dementsprechend auch ihre Endtemperatur (Bild 11).

Die Ursachen für dieses Verhalten sind Leckverluste, die wegen anfänglich noch nicht ausgebildeten Ölfilmes zwischen Kolben und Zylinderwand auftreten. Bei kaltem Motor ergeben sich noch Wärmeverluste während des Verdichtungstaktes. Bei Motoren mit geteilten Brennräumen sind die Wärmeverluste wegen der größeren Brennraumoberfläche besonders hoch.

Hinzu kommt, daß die Triebwerkreibungen bei niederen Temperaturen höher sind wegen kleiner werdender mechanischer Spiele der Motorkomponenten und der größer werdenden Motorölviskosität. Ferner ist die Starterdrehzahl wegen der bei Kälte abfallenden

Bild 10

**Kraftstoff-Verbrauchsvergleich nach Kaltstart (10 °C).**

1 Ottomotor 1,1 l, 37 kW,
2 Dieselmotor 1,5 l, 37 kW.

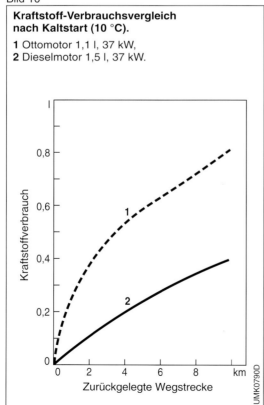

Bild 11

**Kompressionsenddruck und -endtemperatur in Abhängigkeit von der Motordrehzahl.**

$\varepsilon_{max}$ hohe Verdichtung,
$\varepsilon_{min}$ niedrige Verdichtung.

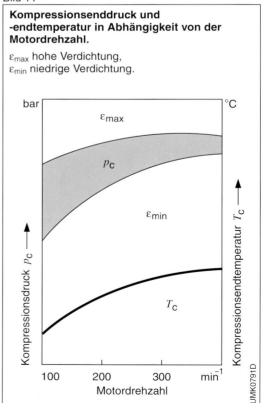

Batteriespannung besonders niedrig. Um diesen physikalischen Gegebenheiten zu begegnen, bieten sich folgende Möglichkeiten an:

Kraftstoffanpassung
Mit einer Filter- oder direkten Kraftstoffaufheizung lassen sich Kraftstoffprobleme vermeiden, die normalerweise bei niederen Temperaturen durch das Ausscheiden von Paraffin-Kristallen auftreten (Bild 12).
Alternativ kann auch durch Beimischen von Petroleum oder Normalbenzin die Fließfähigkeit verbessert werden.
Richtwert: Je nach Größe der Temperaturunterschreitung können 10...30% beigemischt werden. Die Anweisungen des Fahrzeugherstellers sind hierbei zu beachten. Regional wird auch Dieselkraftstoff angeboten, der einen störungsfreien Betrieb bis −23 °C gewährleistet.

Starthilfesysteme
Bei Direkteinspritzern erfolgt die Starthilfe durch Vorwärmen der Ansaugluft. Bei Nebenkammermotoren erfolgt die Starthilfe durch eine Glühstiftkerze im Nebenbrennraum. Moderne Glühkerzen mit einer Vorglühdauer von wenigen Sekunden ermöglichen einen schnellen Start (Bild 13). Beide Maßnahmen dienen der Verbesserung der Kraftstoffverdampfung und Gemischaufbereitung und somit dem sicheren Entflammen des Luft-Kraftstoff-Gemisches.

Einspritzanpassung
Eine Maßnahme ist die Zugabe einer Startmehrmenge zur Kompensation von Kondensations- und Leckverlusten und zur Erhöhung des Motordrehmomentes in der Hochlaufphase. Eine weitere Maßnahme ist die Frühverstellung des Einspritzbeginns zum Ausgleich des Zündverzuges und zur Sicherstellung der Zündung im Bereich des oberen Totpunktes, d.h. bei höchster Verdichtungsendtemperatur.
Der optimale Spritzbeginn muß mit enger Toleranz möglichst genau erreicht werden. Wird der Kraftstoff zu früh eingespritzt, schlägt er sich an den kalten Zylinderwänden nieder und nur sehr

*Dieselverfahren und Betrieb*

Bild 12

**Dieselheizer zur Kraftstofferwärmung.**
**1** Kraftstoffbehälter, **2** Dieselheizer, **3** Kraftstoffilter, **4** Einspritzpumpe.

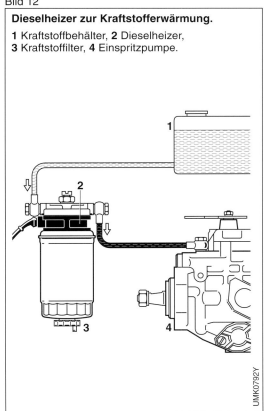

Bild 13

**Glühkerze im Nebenbrennraum eines Wirbelkammermotors.**
**1** Einspritzdüse, **2** Glühkerze.

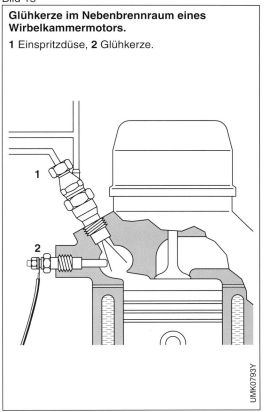

*Dieselverbrennung*

wenig verdampft, da zu diesem Zeitpunkt die Ladungstemperatur noch zu niedrig ist. Wird der Kraftstoff zu spät eingespritzt, erfolgt die Zündung erst im Expansionshub, und der Kolben wird nur noch wenig beschleunigt. Das Bild 14 zeigt beispielhaft den Verdichtungstemperaturverlauf während eines Kolbenhubes in Grad Kurbelwinkel.

Durch Kraftstoffverteilung und Aufbereitung im Brennraum muß das Einspritzsystem (Pumpe und Düse) sicherstellen, daß die richtige Tröpfchengröße des Kraftstoffes im Brennraum für eine möglichst „schnelle" Luft-Kraftstoff-Mischung vorhanden ist.

**Leerlauf**

Kritische Größen des Dieselmotors sind Leerlauf und niedrige Teillast. Obwohl in diesem Betriebsbereich die Verbrauchswerte im Vergleich zum Ottomotor sehr günstig sind, werden hier Geräusche und Nageln beanstandet (besonders im kalten Zustand). Eine der wesentlichen Ursachen für das Leerlaufgeräusch ist der Zündverzug.

Die Kompressionsendtemperatur wird – wie beim Start beschrieben – bei niedriger Drehzahl und kleiner Last geringer. Dies tritt besonders im Leerlauf auf.

Im Vergleich zur Vollast ist der Brennraum in diesem Betriebsbereich relativ kalt (auch bei betriebswarmem Motor), da Energiezufuhr und damit Temperaturanstieg zwangsläufig gering sind. Eine Aufheizung des Brennraums geschieht langsam und unvollständig. Vor- und Wirbelkammermotoren sind dabei besonders problematisch, weil die Wärmeabstrahlungsverluste wegen der großen Oberfläche besonders hoch sind. Ein Hilfsmittel ist die Erhöhung des Kompressionsverhältnisses des Motors. Aber auch in diesem Fall sind die Möglichkeiten wegen der Verbrauchsnachteile bei Vollast und der Erhöhung des mechanischen Geräusches begrenzt. An die Einspritzung werden hohe Anforderungen in bezug auf Genauigkeit von Spritzbeginn, Menge und Einspritzverlauf gestellt. Ähnlich wie beim Kompressionsdruck-

Bild 14

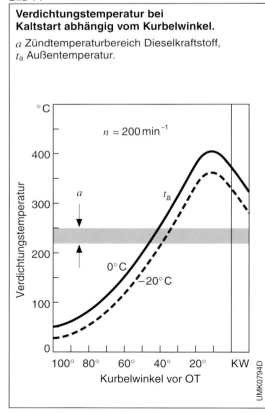

**Verdichtungstemperatur bei Kaltstart abhängig vom Kurbelwinkel.**
$a$ Zündtemperaturbereich Dieselkraftstoff,
$t_a$ Außentemperatur.

Bild 15

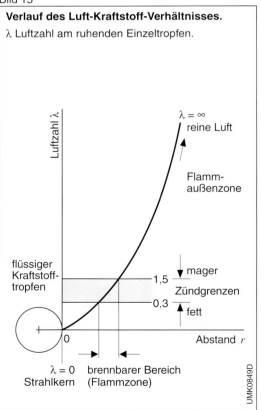

**Verlauf des Luft-Kraftstoff-Verhältnisses.**
$\lambda$ Luftzahl am ruhenden Einzeltropfen.

bild für den Start, ist auch im Leerlauf nur in einem kleinen Kolbenhubbereich bei OT die höchste Verbrennungstemperatur vorhanden. Der Spritzbeginn ist hierauf sehr genau abgestimmt.

Bei einer Leerlauf-Fördermenge von 5...7 mm$^3$ pro Einspritzung erkennt man sehr deutlich, welche Genauigkeit an die Kraftstoffdosierung gestellt wird (0,5 mm$^3$ pro Einspritzung entspricht 10%). Während der Zündverzugsphase darf nur wenig Kraftstoff eingespritzt werden, da zum Zündzeitpunkt die im Brennraum vorhandene Kraftstoffmenge über den plötzlichen Druckanstieg im Zylinder entscheidet. Das Geräusch hängt direkt vom Druckanstieg ab, und je höher dieser ist, um so deutlicher ist das „Nageln" vernehmbar (Bild 16). Das Einspritzsystem muß also zusätzlich zum exakten Spritzbeginn und der genauen Fördermenge sicherstellen, daß die Fördermenge (0,25 mm$^3$ pro Hub und pro °KW) regelmäßig über 15...20 °KW aufgeteilt und außerdem im Brennraum gleichmäßig verteilt und aufbereitet wird. Die Einspritzpumpe übernimmt die Dosierung und Steuerung, die Einspritzdüse die Aufbereitung.

**Vollast**

Vollast bezeichnet das maximale Drehmoment, das unter Berücksichtigung verschiedener Randbedingungen zugelassen ist. Der Drehmomentverlauf in Abhängigkeit von der Drehzahl ergibt ein Drehmomentmaximum bei ungefähr halber Nenndrehzahl.

Das Einspritzsystem muß dieser Forderung gerecht werden. Für deren Erfüllung stehen mechanische, pneumatische und hydraulische Angleichmöglichkeiten zur Verfügung. An dieser Stelle sollen nur die hydraulischen Maßnahmen zum Erreichen der gewünschten Vollastcharakteristik beschrieben werden. Im Kapitel „Gemischaufbereitung" Abschnitt „Einspritzdauer und Einspritzverlauf" wird gezeigt, wie sich Einspritzdruck und Einspritzverlauf vom Nockenhub bis zur Einspritzdüse verändern.

Für die Kennfeldauslegung nutzt man den „Vor- und Nachfördereffekt". Betrachtet man bei einer Kolbenpumpe die Fördermenge, so errechnet sich diese durch Kolbenfläche mal Nutzhub. Praktisch beginnt die Förderung früher und endet später.

Der tatsächliche Nutzhub ist somit größer als der geometrische Nutzhub. Dieses dynamische Verhalten nennt man Vor- bzw. Nachfördereffekt.

Durch Variation von Querschnitt und Strömungsgeschwindigkeit kann dieser Effekt in Abhängigkeit von der Drehzahl verändert werden, so daß sich dynamisch veränderte Nutzhübe ergeben und damit eine steigende oder fallende Fördermengenkennlinie realisiert wird.

*Dieselverfahren und Betrieb*

Bild 16

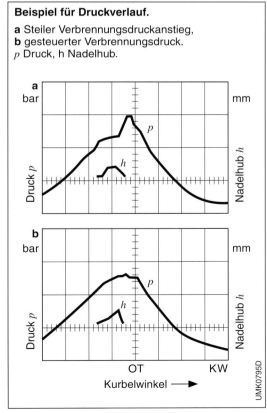

**Beispiel für Druckverlauf.**
a Steiler Verbrennungsdruckanstieg,
b gesteuerter Verbrennungsdruck.
$p$ Druck, h Nadelhub.

*Dieselverbrennung*

# Dieselkraftstoffe

## Bestandteile

Dieselkraftstoffe bestehen aus einer Vielzahl einzelner Kohlenwasserstoffe, die etwa zwischen 180 °C und 370 °C sieden. Sie werden durch stufenweise Destillation aus Rohöl gewonnen. Die Raffinerien setzen in zunehmendem Maß den Dieselkraftstoffen auch Konversionsprodukte (Crack-Komponenten) zu, die sie aus Schwerölen durch Aufspalten (Cracken) der größeren in kleinere Moleküle unter Hitze und Druck erhalten.

## Kenngrößen

Die Anforderungen an die Dieselkraftstoffe sind in nationalen Normen festgelegt. Für Europa gilt für Dieselkraftstoffe EN 590. Für Deutschland gilt DIN 51601. Die wichtigsten Kenngrößen dieser Normen sind die nachfolgend beschriebenen Eigenschaften des Dieselkraftstoffes:

### Cetanzahl, Zündwilligkeit

Da der Dieselmotor ohne Fremdzündung arbeitet, muß sich der Kraftstoff nach dem Einspritzen in die heiße, komprimierte Luft im Brennraum nach einer möglichst kurzen Zeit (Zündverzug) von selbst entzünden.

Zündwilligkeit ist die Eigenschaft eines Kraftstoffes, in einem Dieselmotor die Selbstzündung einzuleiten. Ausgedrückt wird die Zündwilligkeit durch die Cetanzahl (CZ), die um so höher liegt, je leichter sich der Kraftstoff entzündet. Dem sehr zündwilligen n-Hexadekan (Cetan) wird dabei die Cetanzahl 100, dem zündträgen Methylnaphtalin die Cetanzahl 0 zugeordnet. Gemessen wird die Cetanzahl in einem Prüfmotor. DIN 51601 fordert für Dieselkraftstoffe eine Mindest-Cetanzahl von 45. Für den optimalen Betrieb moderner Motoren (Laufruhe, Partikelemission) sind aber höhere Cetanzahlen um 50 wünschenswert. Hochwertige Dieselkraftstoffe enthalten einen hohen Anteil an Paraffinen mit hohen CZ-Werten. Dagegen verschlechtern Aromaten, wie sie in Crack-Komponenten vorkommen, die Zündwilligkeit.

### Kälteverhalten, Filtrierbarkeit

Durch Ausscheidung von Paraffinkristallen kann es bei tiefen Temperaturen zur Verstopfung des Kraftstoffilters und dadurch zu einer Unterbrechung der Kraftstofförderung kommen. Der Beginn der Paraffinausscheidung kann in ungünstigen Fällen schon bei cirka 0 °C einsetzen. Daher müssen Winter-Dieselkraftstoffe besonders ausgewählt bzw. aufbereitet werden, um einen störungsfreien Betrieb in der kalten Jahreszeit zu gewährleisten. Im Normalfall setzt man ihnen in der Raffinerie „Fließverbesserer" zu, die zwar die Ausscheidung der Paraffine nicht verhindern, aber deren Kristallwachstum sehr stark einschränken. Die dabei entstehenden Kriställchen sind so klein, daß sie die Filterporen noch passieren können. Dadurch kann die Filtrierbarkeit zu tieferen Temperaturen gesenkt werden.

Nach DIN 51601 soll diese bis zu mindestens –15 °C gewährleistet sein. Durch Zugabe von Additiven, die das Absetzen der Paraffinkristalle verhindern, kann die Kältefestigkeit noch weiter gesenkt werden. Die heute verbreitet angebotenen Winter-Dieselkraftstoffe garantieren eine Kältefestigkeit bis mindestens –22 °C.

Eine zusätzliche Maßnahme ist die Zugabe von Petroleum in den Kraftstoff. Auch das Zumischen von Normalbenzin kann die Kristallausscheidung verzögern; allerdings wird dadurch die Zündwilligkeit verschlechtert und der Flammpunkt stark erniedrigt (Ottokraftstoffe haben sehr niedere Cetanzahlen).

Diese Zumischung ist jedoch heute bei Verwendung normgerechter Kraftstoffe nicht mehr notwendig.

**Flammpunkt**

Unter Flammpunkt versteht man die Temperatur, bei der eine brennbare Flüssigkeit gerade so viel Dampf an die sie umgebende Luft abgibt, daß das über der Flüssigkeit stehende Dampf-Luft-Gemisch durch eine Zündquelle entflammt werden kann. Aus Sicherheitsgründen (Transport, Lagerung) soll der Dieselkraftstoff der Gefahrklasse A III angehören, d.h. einen Flammpunkt über 55 °C haben. Bereits ein Anteil um 3% Ottokraftstoff im Dieselkraftstoff kann den Flammpunkt so stark herabsetzen, daß eine Entflammung bei Zimmertemperatur möglich ist.

**Siedebereich**

Die Lage des Siedebereiches beeinflußt die für das Betriebsverhalten des Dieselkraftstoffes wichtigen Kenngrößen. Eine Ausweitung des Bereiches auf tiefere Temperaturen führt zwar zu einem kältegeeigneten Kraftstoff, senkt jedoch dessen Cetanzahl ab und verschlechtert vor allem seine Schmiereigenschaften. Schlechtere Schmiereigenschaften aber erhöhen die Verschleißgefahr für die Einspritzaggregate.

Wird auf der anderen Seite die Temperatur für den Endpunkt des Siedevorgangs erhöht, was wegen der besseren Rohölausnutzung wünschenswert ist, kann dies zu erhöhter Rußbildung und Düsenverkokung (Anlagerung von Verbrennungsrückständen) führen.

**Dichte**

Der Heizwert des Dieselkraftstoffes ist in guter Näherung von seiner Dichte abhängig; er erhöht sich mit steigender Dichte. Wenn also bei gleichbleibender Einstellung der Einspritzpumpe – sie mißt in diesem Falle ein konstantes Volumen zu – Kraftstoffe mit stark verschiedenen Dichten gefahren werden, führt dies wegen der Heizwertschwankungen zu Gemischverschiebungen, was bei hohen Dichten erhöhte Rußemission zur Folge hat, geringe Dichten führen zur Leistungsminderung.

**Schwefel**

Abhängig von der Rohölqualität und den zu seiner Aufmischung eingesetzten Komponenten enthalten Dieselkraftstoffe Schwefel in chemisch gebundener Form. Besonders Crackkomponenten haben hohe Schwefelgehalte, die aber in der Raffinerie durch eine Behandlung mit Wasserstoff gesenkt werden können.

Da bei der Verbrennung im Motor Schwefel zu Schwefeldioxid ($SO_2$) umgesetzt wird (dieser Stoff ist wegen seiner „sauren" Reaktion umweltschädlich), hat der Gesetzgeber den maximal zulässigen Schwefelgehalt begrenzt.

Er wurde in den letzten Jahren in mehreren Stufen gesenkt und darf seit 1.Oktober 1996 in Europa nur noch maximal 0,05 Gew.-% betragen.

Dadurch soll u. a. zusätzlich auch die Masse der emittierten Partikel reduziert werden, die bei katalytischer Abgasnachbehandlung neben Ruß auch noch Sulfat enthalten.

**Additive**

Eine Qualitätsverbesserung durch Zugabe von Additiven, wie sie bei Ottokraftstoffen seit langem üblich ist, hat sich auch bei Dieselkraftstoffen durchgesetzt („Super-Diesel"). Dabei werden meist Additivpakete verwendet, die eine vielfältige Wirkung haben:

– Zündverbesserer heben die Cetanzahl an und sorgen vor allem für einen ruhigeren Verbrennungsablauf.
– Reinigungsadditive (detergents) verhindern Einspritzdüsenverkokung.
– Korrosionsinhibitoren vermeiden (bei einer Einschleppung von Wasser in das Kraftstoffsystem) die Korrosion metallischer Teile.
– Antischaummittel erleichtern den Tankvorgang.

Die Gesamtkonzentration der Additive liegt im allgemeinen unter 0,1 Prozent, so daß die physikalischen Kenngrößen der Kraftstoffe wie Dichte, Viskosität und Siedeverlauf nicht verändert werden.

*Dieselverbrennung*

# Gemischaufbereitung

Die Aufbereitung des Luft-Kraftstoff-Gemisches beeinflußt wesentlich den Kraftstoffverbrauch, die Abgaszusammensetzung und das Verbrennungsgeräusch des Dieselmotors. An der Qualität der Gemischaufbereitung ist die Kraftstoff-Einspritzanlage stark beteiligt. Mehrere Größen der Einspritzanlage beeinflussen die Gemischbildung und den Ablauf der Verbrennung im Brennraum des Motors:
– Förder- und Einspritzbeginn,
– Einspritzdauer und -verlauf,
– Einspritzdruck,
– Einspritzrichtung und Anzahl der Einspritzstrahlen und
– Luftüberschuß.

Die folgenden Abschnitte beschreiben die Wirkung dieser Sachverhalte.

## Förder- und Einspritzbeginn

Der Begriff „Förderbeginn" bezieht sich auf den Beginn der Kraftstoffmengenförderung durch die Einspritzpumpe. Neben dem Förderbeginn (FB) kommt dem Einspritzbeginn, auch Spritzbeginn (SB) genannt, für das optimale Motorverhalten große Bedeutung zu. Da bei stehendem Motor der Förderbeginn einfacher als der tatsächliche Spritzbeginn zu bestimmen ist, erfolgt die zeitliche Abstimmung zwischen Einspritzpumpe und Motor bei Förderbeginn. Das ist möglich, weil zwischen Förderbeginn und Spritzbeginn eine definierte Beziehung besteht.

Der Einspritz- bzw. Spritzbeginn bezeichnet den Kurbelwinkel im Bereich von OT (Oberer Totpunkt) des Motorkolbens, bei dem das Einspritzventil öffnet und den Kraftstoff in den Brennraum des Dieselmotors einspritzt. Der Beginn der Kraftstoffeinspritzung in den Brennraum beeinflußt wesentlich den Beginn der Verbrennung des Luft-Kraftstoff-Gemisches. Bei OT stellt sich die höchste Kompressionsendtemperatur ein. Wird die Verbrennung weit vor OT eingeleitet, steigt der Verbrennungsdruck steil an und wirkt als bremsende Kraft gegen die Kolbenbewegung und damit wirkungsgradverschlechternd. Der steile Anstieg des Verbrennungsdrucks hat außerdem noch einen lauten Motorlauf zur Folge. Die Verbrennung muß aber auch vor dem Öffnen der Auslaßventile beendet sein. Bei Verbrennungsbeginn im Bereich von OT wird auch der geringste Kraftstoffverbrauch erreicht.

Ein zeitlich vorverlegter Verbrennungsbeginn erhöht die Temperatur im Brennraum und damit die Stickoxidemission. Ein zeitlich nachfolgender Spritzbeginn kann zu einer unvollständigen Verbrennung und so zur Emission unvollständig verbrannter Kohlenwasserstoffe führen (Bild 1).

Die momentane Lage des Kolbens zum oberen Totpunkt des Kolbens beeinflußt die Bewegung der Luft im Brennraum, deren Dichte und Temperatur. Demnach hängen Bewegungsgeschwindigkeit und Mischungsqualität des Gemisches aus Luft und Kraftstoff vom

Bild 1

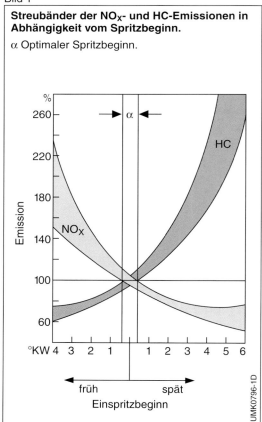

**Streubänder der $NO_X$- und HC-Emissionen in Abhängigkeit vom Spritzbeginn.**

α Optimaler Spritzbeginn.

*Gemisch-aufbereitung*

Spritzbeginn ab. Der Spritzbeginn nimmt somit auch Einfluß auf die Emission von Ruß, einem Produkt unvollständiger Verbrennung. Die gegenläufigen Abhängigkeiten von spezifischem Kraftstoffverbrauch und Kohlenwasserstoffemission auf der einen sowie Schwarzrauch und Stickoxidemission auf der anderen Seite verlangen zur Erzielung des jeweiligen Optimums kleinstmögliche Spritzbeginn-Toleranzen. Die unterschiedlichen Zündverzüge bei verschiedenen Temperaturen erfordern temperaturabhängige Spritzbeginne.

Die Laufzeit des Kraftstoffs bei Förderung hängt von der Leitungslänge ab und ergibt bei höheren Drehzahlen einen Spritzverzug[1]). Der Motor hat bei höheren Drehzahlen einen größeren Zündverzug[2]). Beides muß kompensiert werden, weshalb bei einem Einspritzsystem eine von der Drehzahl abhängige Frühverstellung des Spritzbeginns vorhanden sein muß. Aus Geräusch- und Emissionsgründen wird bei Teillast häufig ein anderer Spritzbeginn benötigt als bei Vollast. Das Spritzbeginnkennfeld zeigt schematisch die Abhängigkeit des Spritzbeginns von Temperatur, Last und Drehzahl (Bild 2).

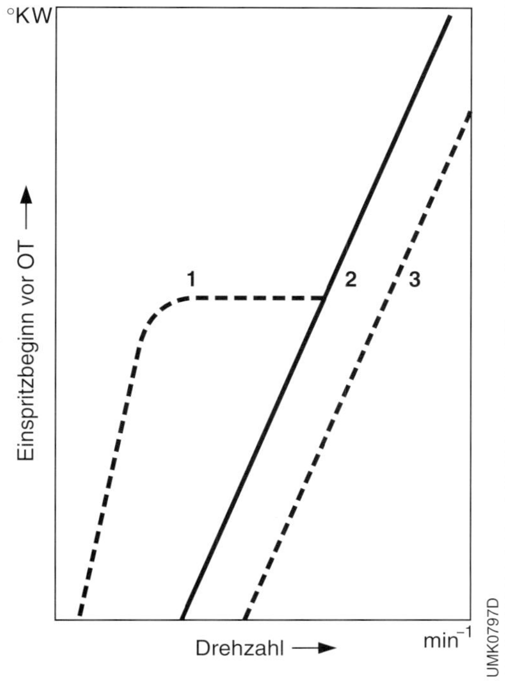

## Einspritzdauer und -verlauf

Der Begriff „Einspritzverlauf" kennzeichnet den Verlauf der in den Brennraum gespritzten Kraftstoffmenge in Abhängigkeit vom Kurbel- bzw. Nockenwinkel. Eine Hauptgröße des Einspritzverlaufs ist die Einspritzdauer. Diese umfaßt die Dauer der Einspritzung in Grad Kurbel- bzw. Nockenwinkel oder Millisekunden, während der das Einspritzventil geöffnet ist und Kraftstoff in den Brennraum strömen läßt.

In Bild 3 ist dargestellt, wie die Förderung der Einspritzmenge am Nocken eingeleitet wird und der Kraftstoff an der Düse austritt (in Abhängigkeit vom Nockenwinkel). Man erkennt, daß Druck- und Einspritzverlauf sich vom Element bis zur Düse stark verändern und durch die einspritzbestimmenden Bauteile (Nocken, Element, Druckventil, Leitung und Düse) beeinflußt werden.

Die verschiedenen Diesel-Verbrennungsverfahren erfordern jeweils eine unterschiedliche Einspritzdauer:

Der Direkteinspritzer benötigt bei Nenndrehzahl ca. 25...30 °KW und der Kammermotor 35...40 °KW. Die Spritzdauer von 30 °KW (Grad Kurbelwinkel), dies entspricht 15 °NW (Grad Nockenwinkel), bedeutet bei einer Einspritzpumpendrehzahl von 2000 min$^{-1}$ eine Einspritzzeit von 1,25 ms. Um Kraftstoffverbrauch und Rußemission gering zu halten, muß die Einspritzdauer abhängig vom Betriebspunkt festgelegt und auf den Einspritzbeginn abgestimmt sein (Bilder 3 und 5). Während der Einspritzdauer soll am Anfang wenig Kraftstoff, am Ende viel Kraftstoff fließen. Das Einspritzventil soll dann möglichst schnell und sicher schließen.

Bild 2

**Spritzbeginnkennfeld in Abhängigkeit von Drehzahl, Kaltstarttemperatur und Last.**
**1** Kaltstart, **2** Vollast, **3** Teillast.

---

[1]) Zeit von Förderbeginn bis Spritzbeginn.
[2]) Zeit von Spritzbeginn bis Zündbeginn.

*Dieselverbrennung*

Bild 3

**Kette der Einflußgrößen vom Nockenhub zum Einspritzverlauf in Abhängigkeit vom Nockenwinkel.**

Beispiel einer Verteilereinspritzpumpe.
$t_L$ Spritzverzug.

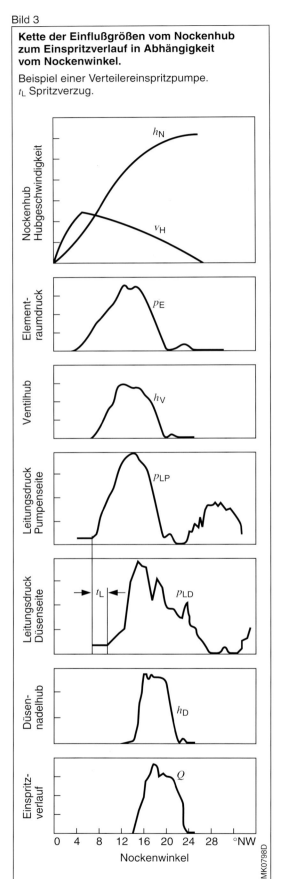

Ein solcher Einspritzverlauf führt zu einem flach ansteigenden Verbrennungsdruck. Damit läuft die Verbrennung leise ab. Bei Motoren mit direkter Einspritzung verringert sich das Verbrennungsgeräusch wesentlich, wenn ein kleiner Teil der Kraftstoffmenge vor der Haupteinspritzung fein zerstäubt in den Brennraum gespritzt wird. Eine solche Voreinspritzung ist mit erhöhtem Aufwand realisierbar.

Bei Motoren mit unterteiltem Brennraum (Vorkammer- oder Wirbelkammermotoren) werden Einspritzventile mit Drosselzapfendüsen verwendet, die einen einzigen Kraftstoffstrahl erzeugen und den Einspritzverlauf formen. Diese Einspritzdüsen steuern den Ausflußquerschnitt abhängig vom Hub des Einspritzventils.

Besonders ungünstig wirken sich sogenannte „Nachspritzer" aus. Beim Nachspritzen öffnet das Einspritzventil nach dem Schließen noch einmal kurz und spritzt zu einem späten Zeitpunkt der Verbrennung schlecht aufbereiteten Kraftstoff ab. Dieser Kraftstoff verbrennt

Bild 4

**Einfluß der Düsenausführung auf die Kohlenwasserstoffemission.**

**a** Düse ohne Sackloch,
**b** Düse mit Kleinstsackloch.
**1** Motor mit 1,3 l/Zylinder,
**2** Motor mit 2 l/Zylinder.

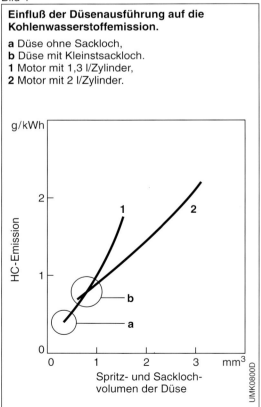

unvollständig oder gar nicht und strömt als unverbrannter Kohlenwasserstoff in den Auspuff.
Schnell schließende Einspritzventile verhindern diesen nachteiligen Effekt. Ähnlich wie das Nachspritzen wirkt sich ein „Totvolumen" im Einspritzventil stromab des Dichtsitzes aus. Der in einem solchen Volumen gespeicherte Kraftstoffdampf tritt nach dem Abschluß der Verbrennung in den Brennraum aus und strömt ebenfalls in den Auspuff. Auch dieser Kraftstoff erhöht die Emission der unverbrannten Kohlenwasserstoffe. Das kleinste „Totvolumen" erreicht man mit Sitzlochdüsen, bei denen die Spritzbohrungen in den Dichtsitz gebohrt sind (Bild 4).

*Gemischaufbereitung*

Bild 5

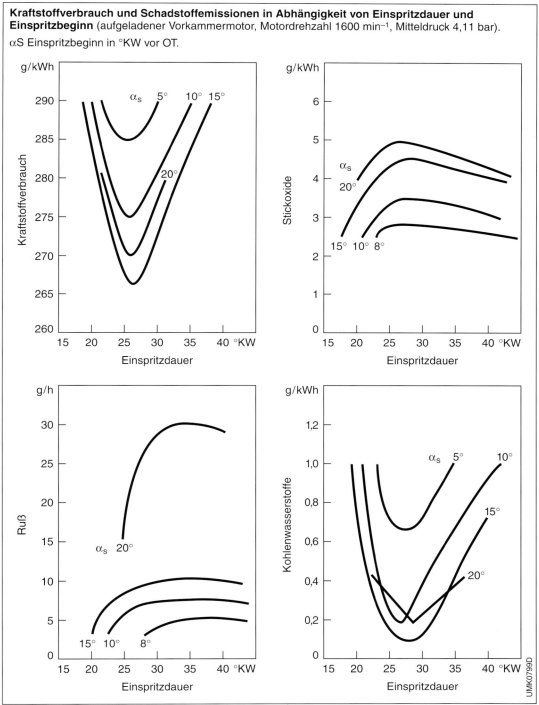

**Kraftstoffverbrauch und Schadstoffemissionen in Abhängigkeit von Einspritzdauer und Einspritzbeginn** (aufgeladener Vorkammermotor, Motordrehzahl 1600 min$^{-1}$, Mitteldruck 4,11 bar). $\alpha S$ Einspritzbeginn in °KW vor OT.

*Dieselverbrennung*

## Einspritzdruck

Der Dieselkraftstoff wird umso feiner zerstäubt, je höher die Relativgeschwindigkeit zwischen Kraftstoff und Luft und je höher die Dichte der Luft im Brennraum ist. Ein hoher Kraftstoffdruck führt zu einer hohen Kraftstoffgeschwindigkeit. Dieselmotoren mit unterteiltem Brennraum arbeiten mit hohen Luftgeschwindigkeiten im Nebenbrennraum oder im Verbindungskanal zwischen Nebenbrennraum und Hauptbrennraum. Hier werden mit Drücken über ca. 350 bar keine Vorteile erreicht. Bei Dieselmotoren mit direkter Einspritzung ist die Luftgeschwindigkeit im Brennraum verhältnismäßig gering und die Durchmischung normal. Luft und Kraftstoff vermischen sich hier wesentlich besser, wenn der Kraftstoff mit hohem Druck in den Brennraum gespritzt wird (Bild 6). Mit Einspritzdrücken bis etwa 1000 bar kann man die Rußemission, insbesondere bei kleiner Motordrehzahl, stark vermindern.

Bild 6

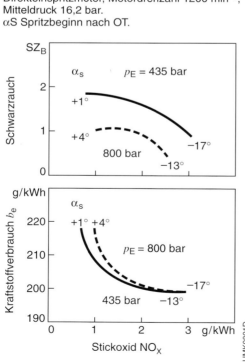

**Schwarzrauch und Kraftstoffverbrauch in Abhängigkeit von Stickoxidemission und Einspritzdruck.**

Direkteinspritzmotor, Motordrehzahl 1200 min$^{-1}$, Mitteldruck 16,2 bar.
$\alpha$S Spritzbeginn nach OT.

Höhere Einspritzdrücke erhöhen den Kraftstoffverbrauch nennenswert, unter anderem weil die Antriebsleistung für die Einspritzpumpe steigt.

## Einspritzrichtung

Dieselmotoren mit Vor- oder Wirbelkammermotoren arbeiten mit nur einem Einspritzstrahl, dessen Strahlrichtung genau auf den Brennraum abgestimmt ist. Abweichungen davon führen zu einer schlechteren Ausnutzung der Verbrennungsluft und damit zu einem Anstieg von Schwarzrauch und Kohlenwasserstoffemission.

Dieselmotoren mit direkter Einspritzung arbeiten im allgemeinen mit 4 bis 6 Spritzlöchern, deren Einspritzrichtung sehr genau an den Brennraum angepaßt ist. Abweichungen in der Größenordnung von 2 Grad von der optimalen Einspritzrichtung führen zu einer meßbaren Erhöhung der Schwarzrauchemission und des Kraftstoffverbrauchs.

## Luftüberschuß und Abgasverhalten

Dieselmotoren arbeiten im allgemeinen ohne Drosselung der Ansaugluft. Bei großem Luftüberschuß verbrennt der Kraftstoff im Brennraum „sauber". Abgasbestandteile wie Kohlenmonoxid und Ruß bilden sich in sehr geringen Konzentrationen. Der Luftüberschuß im Brennraum nimmt mit zunehmender Kraftstoffmenge ab. Mit Rücksicht auf ein geringes Motorgewicht und die Kosten des Motors gewinnt man möglichst viel Leistung aus einem vorgegebenen Hubraum. Der Motor muß also bei hoher Belastung mit kleinem Luftüberschuß laufen. Bei kleinem Luftüberschuß sind die Emissionen zu begrenzen, d.h. die Kraftstoffmenge muß bei der verfügbaren Luftmenge und abhängig von der Drehzahl des Motors genau dosiert werden. Niederer Luftdruck (z.B. in großer Höhe) erfordert ein Anpassen der Kraftstoffmenge an das geringere Luftangebot.

## Aufladung

Bei Motoren mit Turbolader wird die Kraftstoffmenge abhängig vom Druck im Saugrohr des Motors begrenzt.

## Abgasrückführung

Bei Motoren mit Abgasrückführung läßt sich bei Teillast zur Verminderung der Stickoxidemission Abgas in die Ansaugluft beimischen. Diese Maßnahme vermindert die Sauerstoffkonzentration der Ladung. Außerdem hat Abgas eine höhere spezifische Wärme als Luft. Beide Einflüsse senken die Verbrennungstemperatur (und damit die Stickoxidbildung) und vermindern darüber hinaus die ausgestoßene Abgasmenge. Eine zunehmende Abgasrückführrate vermindert den Frischluftdurchsatz des Motors und damit den Luftüberschuß. Bei einer zu großen rückgeführten Abgasmenge steigen die Emissionen der Komponenten Ruß, Kohlenmonoxid und Kohlenwasserstoffe infolge Luftmangels (Bilder 7 und 8).

Die Absicht, mit der Abgasrückführung die Stickoxidemission stark zu vermindern, erfordert auch bei Teillast ein genaues Anpassen der Kraftstoffmenge an die verfügbare Luftmenge.

Die rückgeführte Abgasmenge muß also so begrenzt werden, daß ausreichend viel Sauerstoff zur Verbrennung des eingespritzten Kraftstoffs im Brennraum verbleibt.

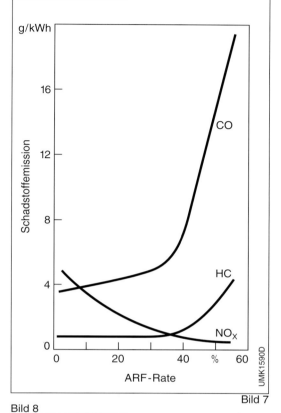

Bild 7
**Einfluß der Abgasrückführrate (ARF) auf die Schadstoffemission.**

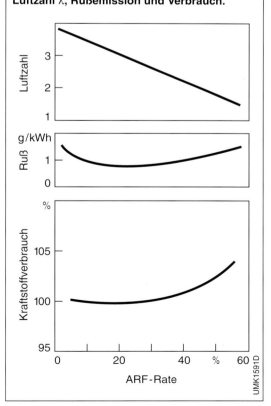

Bild 8
**Einfluß der Abgasrückführrate (ARF) auf Luftzahl $\lambda$, Rußemission und Verbrauch.**

*Dieselverbrennung*

# Schadstoffe im Abgas

## Verbrennung

Dieselmotoren arbeiten mit „innerer" Gemischbildung, wobei der Verbrennungsvorgang während und nach der Kraftstoffzuführung stattfindet. Die Verbrennung wird dabei in starkem Maße durch den sehr umfassenden Gemischbildungsprozeß beeinflußt.

Die Kraftstoffeinspritzung in den Brennraum erfolgt im Bereich des oberen Totpunktes in die hochverdichtete und entsprechend erhitzte Luft. Der Kraftstoff entzündet sich dabei – nach einem gewissen Zündverzug – von selbst. Da ein beträchtlicher Teil der Gemischbildung während der Verbrennung abläuft, spricht man von einer Diffusionsflamme (Diffusion: gegenseitige Durchdringung). Einspritzbeginn, Einspritzverlauf und Zerstäubung des Kraftstoffs beeinflussen die Schadstoffemission. Der Einspritzbeginn bestimmt im wesentlichen den Verbrennungsbeginn. Späte Einspritzung verringert die Stickoxidemission. Zu späte Einspritzung erhöht die Kohlenwasserstoff- und die Partikelemissionen. Eine Abweichung des Spritzbeginns vom Sollwert um 1 °KW kann die $NO_X$-, Partikel- und HC-Emissionen um bis zu 15 % erhöhen.

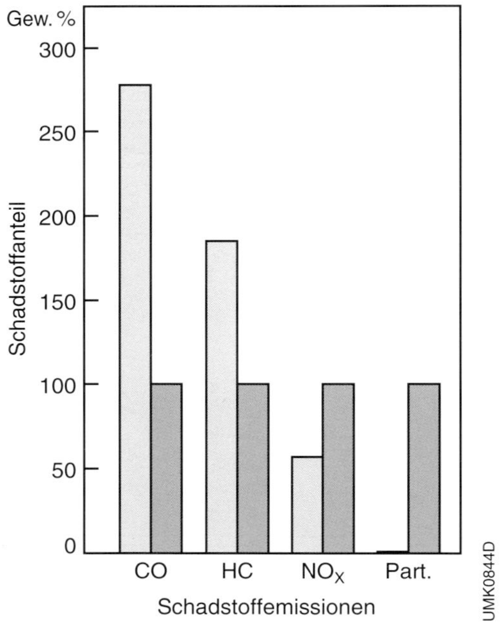

Der eingespritzte Kraftstoff hat nur sehr wenig Zeit zum Vermischen mit der für die Verbrennung bereitgestellten Luft (einige Millisekunden); deshalb bildet sich ein ungleichförmiges Gemisch mit kraftstoffarmen (mageren) und kraftstoffreichen (fetten) Zonen. Die Luftausnutzung ist demzufolge nicht optimal, weshalb der Dieselprozeß prinzipiell mit hohem Luftverhältnis[1] ($\lambda > 1,2$) gefahren werden muß. Gegenüber dem Ottomotor ergibt dies einerseits zwar einen niedrigeren Mitteldruck (mittlerer Kolben- bzw. Arbeitsdruck), also eine niedrigere spezifische Arbeit, andererseits aber auch zum Teil eine deutlich geringere gasförmige Schadstoffemission. Sie ist mit den beim Ottomotor mit Katalysator erreichbaren Werten vergleichbar (Bild 1).

Für den mit Selbstzündung arbeitenden Dieselmotor kann ein hohes Verdichtungsverhältnis ($\varepsilon \leq 24$) gewählt werden. Dies bedingt eine Bauweise mit höherem Motorgewicht, ermöglicht gleichzeitig aber auch einen günstigeren thermodynamischen Wirkungsgrad und damit geringeren spezifischen Kraftstoffverbrauch.

## Schadstoffentstehung

Da sich die Reaktionspartner Luft und Kraftstoff bei der Verbrennung im Dieselmotor zum Teil erst während der Reaktion mischen, verlaufen Gemischbildung, Zündung und Verbrennung nicht unabhängig voneinander, sondern beeinflussen einander stetig. Im Brennraum

Bild 1

**Vergleich der Schadstoffemissionen im Europatest (4-Zylinder-Motoren, Hubraum 1,7 l, Europaserie 1997).**
☐ Ottomotor (mit Katalysator), ■ Dieselmotor.

[Balkendiagramm: Schadstoffanteil in Gew. % für CO, HC, $NO_X$, Part.]

---

[1] Das Luftverhältnis bzw. die Luftzahl $\lambda$ gibt an, wieweit das tatsächlich vorhandene Luft-Kraftstoff-Gemisch von dem zur vollkommenen Verbrennung theoretisch notwendigen Massenverhältnis abweicht: $\lambda$ = zugeführte Luftmasse/theoretischer Luftbedarf.

des Dieselmotors herrschen damit im Gegensatz zum Ottomotor unterschiedliche Kraftstoffkonzentrationen bzw. Luftverhältnisse. In den fetten Bereichen der durch die Verdichtung stark erhitzten Luft-Kraftstoff-Gemische kommt es zu den ersten Reaktionen; sie finden dort nur im Dampfmantel der Kraftstofftröpfchen statt. Hierbei entsteht freier Kohlenstoff. Wird beim Fortschreiten der Reaktion das Verbrennen dieser Kohlenstoffteilchen verhindert, z. B. infolge mangelhafter Vermischung, örtlichem Sauerstoffmangel oder Ablöschen der Flamme an kalten Stellen, so findet man die Teilchen als Rußpartikel im Abgas wieder.

Diese vielschichtigen Vorgänge im Brennraum deuten darauf hin, daß die auf die Gemischbildung einwirkenden Größen – sie werden beeinflußt durch den Einspritzvorgang und die örtliche Luftbewegung im Brennraum – sehr genau aufeinander abgestimmt sein müssen, um die Partikelemission so niedrig wie möglich zu halten. Dieser Umstand erfordert allerdings einen Kompromiß bei der Optimierung eines Motors: Maßnahmen, die sich auf Ruß- und Partikelemission positiv auswirken, beeinflussen meistens den Kraftstoffverbrauch sowie die Stickoxid- und Geräuschemission negativ.

Beim Dieselmotor sind die Schadstoffemissionen über lange Zeit stabil. Sie verschlechtern sich während seiner gesamten Lebensdauer nur unwesentlich.

## Eigenschaften der Schadstoffe

### Gasförmige Schadstoffe

Der Dieselmotor emittiert bereits in seiner Grundauslegung geringe Schadstoffmengen. Verantwortlich dafür sind beim Kohlenmonoxid und den Kohlenwasserstoffen (CO, HC) das hohe Luftverhältnis ($\lambda$) und bei Stickoxiden ($NO_X$) die niedrige Prozeßtemperatur. Dennoch müssen heute motor- und einspritzspezifische Maßnahmen ergriffen werden, um die aktuell gültigen Emissionsgrenzwerte zu unterschreiten.

### Partikel

Die Partikelemission ist eine Eigenart des Dieselmotors; sie liegt deutlich höher als beim Ottomotor. Die Partikel bestehen – abhängig von Verbrennungsverfahren und Motorbetriebszustand – zum größeren Teil aus Kohlenstoffteilchen (Ruß). Den Rest bilden (an den Ruß gebundene) Kohlenwasserstoffverbindungen, Kraftstoff- und Schmierölaerosole (in Gasen feinstverteilte feste oder flüssige Stoffe) und Sulfate (verantwortlich dafür ist der Schwefelgehalt im Dieselkraftstoff).

Die Rußpartikel stellen Aneinanderkettungen von Kohlenstoffteilchen mit einer sehr großen spezifischen Oberfläche dar, an die sich unverbrannte oder teilverbrannte Kohlenwasserstoffe anlagern. Meist sind es Aldehyde (Verbindungen mit hoher Molekülzahl) mit aufdringlichem Geruch.

Schon wegen der Verschmutzungswirkung, der Sichtbehinderung und der Geruchsbelästigung kann die Partikelemission bei Dieselmotoren als Umweltbelastung gewertet werden. Hinzu kommt die von verschiedenen Seiten immer wieder geäußerte Vermutung einer möglichen Gesundheitsgefährdung (Erkrankung an Lungenkrebs) durch gewisse, am Ruß angelagerte Aromaten (Sammelbezeichnung für aromatische Kohlenwasserstoffe). Diesbezüglich durchgeführte Untersuchungen haben noch zu keinen eindeutigen Ergebnissen geführt. Die in die Atmosphäre emittierten Rußpartikel sind (bei aerodynamischen Durchmessern von nur wenigen zehntausendstel Millimetern) so klein, daß sie lange Zeit im Schwebezustand verbleiben. Sie dringen in die Lunge des Menschen ein, werden aber auch zum größten Teil wieder ausgeatmet.

*Schadstoffe im Abgas*

*Dieselverbrennung*

# Abgasnachbehandlung

Der Anteil der Verkehrsemissionen an der gesamten Partikelbelastung der Luft lag 1994 in Deutschland bei 8,5 %. Als direkt wahrnehmbare Emissionen werden allgemein Schwarz-, Blau- und Weißrauch des Dieselmotors, wie auch der Abgasgeruch als besonders störend empfunden. Moderne Dieselmotoren, die die Euro-II-Normen (gültig seit 1996) erfüllen, haben sehr niedrige Partikel- bzw. Rauchemissionen. Sichtbarer Rauch tritt bei diesen Motoren kaum mehr auf, weder bei kaltem noch bei warmem Motor.

Um die Euro-IV-Normen (ca. ab 2005) zu erfüllen, wird sowohl für Pkw als auch für Nkw (falls beim Nkw die Abgasrückführung angewendet wird) der Einsatz von Partikelfiltern diskutiert. Sie sollen die vom Dieselmotor emittierten Partikel aus dem Abgasstrom entfernen und schadstofffrei entsorgen. Die Schadstoffe CO und HC lassen sich in einem dem Motor nachgeschalteten Oxidations-Katalysator zum Großteil verbrennen. Am schwierigsten gestaltet sich die Reduktion von $NO_X$. Erst durch Zusatz eines Reduktionsmittels zum Abgasstrom kann in einem nachgeschalteten Katalysator die $NO_X$-Senkung erzielt werden.

## Partikelabscheidung

Aufgrund des permanenten Betriebs des Dieselmotors mit Luftüberschuß enthält das Abgas so viel Restsauerstoff, daß der im Filter abgeschiedene und angesammelte Ruß bei Abgastemperaturen oberhalb von ca. 550 °C in einem Rußabbrennfilter selbständig abbrennt und sich der Filter dadurch reinigt. Örtliche Spitzentemperaturen während des Rußabbrands von bis zu 1200 °C bedingen besonders hohe Werkstoffanforderungen. Daher wurden fast ausschließlich keramische Filterwerkstoffe in unterschiedlicher Ausführung entwickelt.

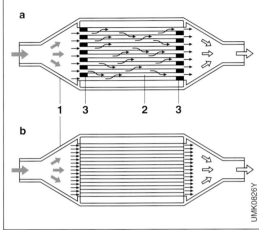

**Abgasnachbehandlung mit verschiedenen Methoden.**
**a** Rußabbrennfilter,
**b** Oxidations-Katalysator (edelmetallbeschichtet).
**1** Gehäuse, **2** stranggepreßte Wabenkeramik,
**3** Keramikpfropfen.

Bild 1

Die stranggepreßte Wabenkeramik (Bild 1a) ähnelt in Ausführungsform und Werkstoff dem Katalysatorträger für Ottomotoren. Die Waben sind jedoch wechselweise mit Keramikpfropfen verschlossen. So kann das in einen offenen Kanal eintretende Abgas durch die poröse, weniger als 0,5 mm starke Keramikwand in die zum Austritt hin offenen Nachbarkanäle strömen.

Alternativ zur Wabenkeramik werden sogenannte Tiefenfilter entwickelt. Bei deutlich höherer Porengröße erfolgt die Abscheidung erst bei ausreichender Filtertiefe (Wandstärke). Hierfür werden aus Keramikfasern gewickelte Filterkerzen eingesetzt.

Um die Gefahr eines unzulässig hohen Gegendrucks und damit die Gefahr des Verstopfens auszuschließen, müssen Regenerationshilfen vorgesehen werden: Durch Zugabe metallorganischer Substanzen in den Kraftstoff lassen sich die Zündtemperaturen des angesammelten Dieselrußes auf 200 bis 250 °C herabsetzen. Der Freibrand reicht dann auch bei Unterbodenanordnung der Filteranlage noch aus. Alternativ kann durch Zufuhr externer Wärmeenergie (elektrische Heizung oder mit einem Kraftstoffbrenner) eine Zwangsregeneration des Filters bewirkt werden.

# Katalysatortechnik

## Oxidations-Katalysator

Der Oxidations-Katalysator (Bild 1b) bewirkt beim Dieselmotor eine deutliche Senkung der Kohlenmonoxid- und Kohlenwasserstoffemission. Da die Kohlenwasserstoffemission zur Partikelemission beiträgt, kann auch diese in begrenztem Maße durch den Katalysator reduziert werden. Die Verwendung von schwefelarmem Kraftstoff (EU-Vorschrift: $\leq 0{,}005\,\%$ S ab 2005) gewährleistet eine dauerhafte Wirksamkeit des Katalysators.

## SCR-Verfahren

Das SCR-Verfahren (Selektive katalytische Reduktion) ermöglicht z. Zt. die höchsten $NO_X$-Konvertierungsraten. Dabei wird ein Reduktionsmittel über ein Dosiersystem kennfeldabhängig in den mehrteiligen Katalysator „eingedüst". Das derzeit gebräuchlichste Reduktionsmittel ist eine Harnstoff-Wasserlösung (Bild 2). Im Hydrolyseteil wird daraus das eigentliche Reduktionsmittel Ammoniak gebildet. Im SCR-Teil erfolgt dann die Reduktion von $NO_X$. Komplettiert wird das Katalysatorsystem in der Regel durch einen Oxidationsteil, der die unverbrannten Schadstoffe CO und HC oxidiert. „Alternativ-SCR-Konzepte" verwenden z. B. Dieselkraftstoff als Reduktionsmittel. Die Konvertierungsraten sind jedoch vergleichsweise gering.

## CRT-System

Bei diesem kontinuierlich regenerierenden Partikelfilter-System werden zuerst in einem Oxidationskatalysator die Schadstoffe CO, HC und NO oxidiert. Das so gebildete $NO_2$ verbindet sich anschließend im nachgeschalteten Rußfilter mit dem Kohlenstoff C der dort abgeschiedenen Partikel und verbrennt ihn kontinuierlich zu $CO_2$. Das $NO_2$ wird somit wieder zu NO reduziert. Eine eventuell gewünschte komplette $NO_X$-Reduktion müßte anschließend auf Basis des SCR-Verfahrens durchgeführt werden. Dieses System vermeidet Temperaturspitzen im Rußfilter und erhöht somit dessen Lebensdauer. Zur Sicherstellung einer optimalen und dauerhaft wirksamen Reduktion ist der Motorbetrieb mit schwefelfreiem Dieselkraftstoff ($< 0{,}001\,\%$ S), „City-Diesel" genannt, erforderlich.

*Abgasnachbehandlung*

Bild 2

**Abgasnachbehandlung für Dieselmotoren mit dem SCR-Verfahren.**
1 Dosiersteuergerät, 2 Druckluftbehälter, 3 Luftkompressor, 4 Drosselventil, 5 2/2-Wegeventil,
6 Druckregelventile, 7 Harnstoffbehälter, 8 Harnstoff-Förderpumpe, 9 Einspritzventil,
10 luftunterstützter Sprühkopf, 11 unbehandeltes Abgas, 12 Hydrolyse-Katalysator, 13 SCR-Katalysator,
14 Oxidations-Katalysator, 15 Schalldämpfer, 16 gereinigtes Abgas.

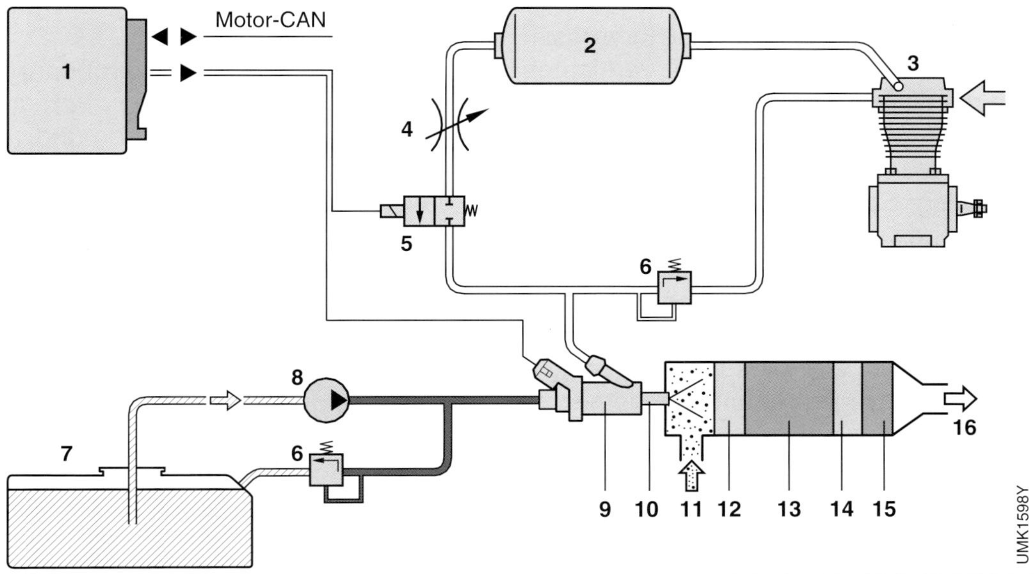

*Diesel-verbrennung*

# Abgasprüftechnik

## Abgasgesetzgebung

Viele Staaten begrenzen die Schadstoffemissionen von Fahrzeug- und Stationär-Dieselmotoren durch eine entsprechende Abgasgesetzgebung. Die Vorschriften enthalten Prüfverfahren an Motoren und/oder Fahrzeugen, Meßtechniken und Grenzwerte, die in einigen Staaten einheitlich angewendet werden, in anderen Ländern aus ökologischen, ökonomischen, klimatischen und politischen Gründen mehr oder weniger große Unterschiede aufweisen.

Für folgende Abgaskomponenten gelten Grenzwerte, die nicht überschritten werden dürfen:
- un- oder teilverbrannte Kohlenwasserstoffe (HC),
- Kohlenmonoxid (CO),
- Stickoxide ($NO_X$),
- Partikel und
- Rauch (sichttrübender Bestandteil der Feststoffe).

Die Schadstoffemissionen resultieren aus:
- der Verbrennung im Motor (Gase, Schwefelverbindungen, Feststoffe; Geruch),
- der Kurbelgehäuseentlüftung (Gase, Schwefelverbindungen; Geruch) und
- der Verdunstung von Kraftstoff (aus dem Kraftstoffsystem).

Die Schadstoffemissionen aus dem Kurbelgehäuse sind beim Dieselmotor relativ gering. Während des Kompressionshubes wird nur reine Luft verdichtet, und die beim Expansionshub ins Kurbelgehäuse gelangenden Leckgase weisen nur etwa 10 % der beim Ottomotor auftretenden Schadstoffmasse auf. Trotzdem wird nunmehr weitgehend auch beim Dieselmotor eine geschlossene Kurbelgehäuseentlüftung gesetzlich vorgeschrieben. Im Unterschied zum Ottomotor entfällt beim Dieselmotor auch die Überprüfung von Verdunstungsemissionen, weil das Kraftstoffsystem geschlossen ist und der Dieselkraftstoff keine leichtflüchtigen Komponenten enthält.

Schwefelverbindungen im Abgas sind die Folge des Schwefelgehaltes im Kraftstoff. Weltweit werden daher die Grenzwerte für den Schwefelanteil im Dieselkraftstoff herabgesetzt (EU: $\leq 0,05$ % seit 1996, $\leq 0,035$ % ab 2000 und $\leq 0,005$ % ab 2005).

Das Problem des Dieselgeruchs ist nicht gelöst; die durch Vorgänge im Dieselmotor bedingten Hintergründe und die geruchsverursachenden Emissionen sind nur in Ansätzen geklärt. Ein allgemein anerkanntes Meßverfahren gibt es nicht. Die meisten Staaten haben eine Begrenzung der Partikel- und/oder Rauchemission eingeführt oder zumindest vorgesehen. Die ständige Verschärfung der Abgasgrenzwerte erfordert eine kontinuierliche Weiterentwicklung der Motoren zur Verbesserung ihres Emissionsverhaltens sowie eine ständige Verfeinerung der Abgasmeßtechnik.

## Prüfverfahren und Klasseneinteilung

Nach den USA haben die Staaten der EU und Japan eigene Prüfverfahren zur Abgaskontrolle von Kraftfahrzeugen entwickelt. Andere Staaten haben diese Verfahren in gleicher oder auch modifizierter Form übernommen. Den USA kommt bei der Entwicklung von Prüfverfahren und Prüftechnik eine Vorreiterrolle zu.

Je nach Fahrzeugklasse und Zweck der Prüfung werden drei vom Gesetzgeber festgelegte Prüfverfahren angewendet:
- Typprüfung zur Erlangung der allgemeinen Betriebserlaubnis,
- Serienprüfung als stichprobenartige Kontrolle der laufenden Fertigung durch die Abnahmebehörde und
- Feldüberwachung zur Überprüfung bestimmter Abgaskomponenten während des Betriebs (On-Board-Diagnosesystem, periodische technische Überwachung).

Den größten Prüfungsaufwand erfordert die Typprüfung. Für die Feldüberwachung finden stark vereinfachte Verfahren Anwendung.

In Staaten mit Kfz-Abgasvorschriften besteht im allgemeinen eine Unterteilung der Fahrzeuge in drei Klassen, abgesehen von geringfügigen Überschneidungen:

- Pkw: Die Prüfung erfolgt auf einem Fahrzeug-Rollenprüfstand.
- Leichte Nkw: Je nach nationaler Gesetzgebung liegt die Obergrenze des Fahrzeuggewichts bei 3,5...3,8 t. Die Prüfung erfolgt auf einem Fahrzeug-Rollenprüfstand.
- Schwere Nkw: Fahrzeuggewicht über 3,5...3,8 t. Die Prüfung erfolgt auf einem Motorenprüfstand, eine Fahrzeugprüfung ist nicht vorgesehen.

**Typprüfung**

Abgasprüfungen sind Voraussetzung für die Erteilung der allgemeinen Betriebserlaubnis für einen Fahrzeug- und/oder Motortyp. Dazu müssen Prüfzyklen unter definierten Randbedingungen gefahren und Emissionsgrenzwerte eingehalten werden. Die Prüfzyklen und insbesondere die Emissionsgrenzwerte sind länderspezifisch und unterliegen einer laufenden Fortschreibung (Verschärfung).

In den Vereinigten Staaten von Amerika (Bundesstaat Kalifornien) ist die auf den Flottendurchschnitt eines Fahrzeugherstellers bezogene Emission von NMOG (Nicht-Methanhaltige organische Gase) begrenzt. Der Fahrzeughersteller kann unterschiedliche Fahrzeugkonzepte einsetzen, die nach ihren Emissionswerten für NMOG-, CO-, $NO_X$- und Partikelemissionen in die Kategorien

- Transitional Low Emissions Vehicle (TLEV),
- Low Emissions Vehicle (LEV),
- Ultra-Low Emissions Vehicle (ULEV),
- Super Ultra-Low Emissions Vehicle (SULEV) und
- Zero Emissions Vehicle (ZEV)

eingeteilt werden.

USA-Typprüfung

Für die Zulassung eines Fahrzeugtyps muß der Hersteller nachweisen, daß die Schadstoffe HC (bzw. NMOG), CO, $NO_X$, Partikel und die Rauchemission (Trübung) die Emissionsgrenzwerte über eine Fahrstrecke von 50000 bzw. zum Teil 100000 Meilen (entsprechend ca. 80000 bzw. 160000 km) nicht überschreiten. Der Hersteller muß für diese Typprüfung zwei Fahrzeugflotten aus der Fertigung bereitstellen:

1. Eine Flotte für den Dauerversuch, mit der im Dauerlauf die Verschlechterungsfaktoren der einzelnen Komponenten ermittelt werden. Dabei fährt man die Fahrzeuge über 50000 beziehungsweise 100000 Meilen nach einem bestimmten Fahrprogramm und mißt im Abstand von 5000 Meilen die Abgasemissionen. Inspektionen und Wartungen dürfen nur in vorgeschriebenen Intervallen (z. Zt. 12500 Meilen) erfolgen.

2. Eine Flotte, bei der jedes Fahrzeug vor der Prüfung 4000 Meilen gefahren sein muß. Auch mit ihr erfolgt die Ermittlung der Emissionsdaten.

Anwender der USA-Fahrzyklen (z. B. Schweiz) erlauben zur Vereinfachung auch die Anwendung von vorgegebenen Verschlechterungsfaktoren.

EU-Typprüfung

Sie erfolgt, ähnlich wie in den USA, mit folgenden Abweichungen: Es werden die Schadstoffe HC, CO, $NO_X$, PM und die Abgastrübung gemessen. Die Einlaufstrecke des Prüffahrzeuges vor Testbeginn beträgt 3000 km. Die auf das Testergebnis anzuwendenden Verschlechterungsfaktoren sind für jede Schadstoffkomponente gesetzlich vorgegeben; alternativ können kleinere Faktoren im Zuge eines spezifizierten Dauerlaufes über 80000 km (ab 2005: über 100000 km) vom Fahrzeughersteller nachgewiesen werden.

**Serienprüfung**

In der Regel führt der Hersteller selbst die Serienprüfung als Teil der Qualitätskontrolle während der Fertigung durch. Die Zulassungsbehörde kann beliebig oft Nachprüfungen anordnen. Die EU-Vorschriften und ECE-Richtlinien berücksichtigen die Fertigungsstreuung durch Stichprobenmessungen an 3 bis max. 32 Fahrzeugen. Die schärfsten Anforderungen werden in den USA angewandt, wo insbesondere in Kalifornien den Herstellern eine annähernd lückenlose Qualitätsüberwachung abverlangt wird.

*Abgasprüftechnik*

*Dieselverbrennung*

### Feldüberwachung

In den meisten Staaten mit obligatorischer Feldüberwachung erstreckt sich die Prüfung beim Dieselfahrzeug bislang nur auf die Sichttrübung durch Dieselrauch. Dabei wird der Rauchstoß bei freier Beschleunigung[1]) ermittelt. Der für jeden Fahrzeugtyp bei der Typprüfung festgelegte Höchstwert muß innerhalb bestimmter Toleranzen bleiben. In Deutschland werden Dieselfahrzeuge seit 1993 einer regelmäßigen Abgasuntersuchung (AU) unterzogen. In den USA bestehen sehr weitgehende Vorschriften, um die Einhaltung der Abgasqualität über die Fahrzeuglebensdauer zu erzielen.

---

[1]) Vollastbeschleunigung aus dem unteren Leerlauf in ausgekuppeltem Zustand. Sie wirkt gegen die Schwungmasse des Motors.

## Testmethoden

Der Abgastest soll eine quantitative Aussage über die im Straßenverkehr unter normalen Betriebsbedingungen zu erwartenden Abgasemissionen ermöglichen, ohne Messungen während einer Straßenfahrt durchführen zu müssen. Deshalb simuliert man für Pkw auf einem Rollenprüfstand die Betriebsbedingungen im Straßenverkehr. Man setzt dabei voraus, daß die Emissionen bei „Prüfstandsfahrt" und bei Straßenfahrt dann gleich sind, wenn Geschwindigkeit und die auf das Fahrzeug einwirkenden Kräfte in ihrem zeitlichen Verlauf auf dem Prüfstand und auf der Straße übereinstimmen. Für jedes Fahrzeug differenziert vorgegebene Bremslasten und Schwungmassen bilden die Fahrwiderstände (Roll- und Luftwiderstand) und Trägheitskräfte auf dem Prüfstand nach,

Bild 1

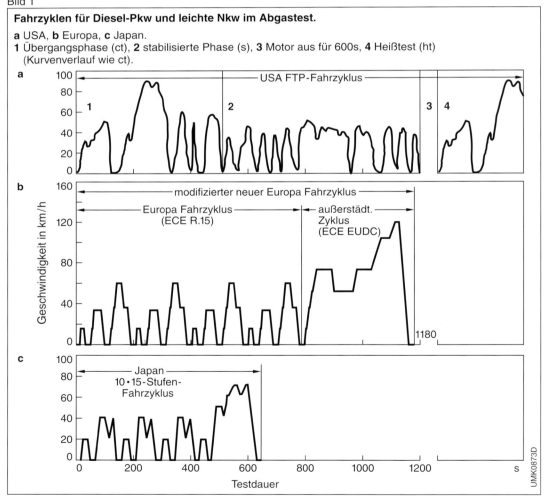

**Fahrzyklen für Diesel-Pkw und leichte Nkw im Abgastest.**
a USA, b Europa, c Japan.
**1** Übergangsphase (ct), **2** stabilisierte Phase (s), **3** Motor aus für 600s, **4** Heißtest (ht) (Kurvenverlauf wie ct).

so daß es genügt, nur die Geschwindigkeit auf Rolle und Straße übereinstimmend vorzugeben. In allen Staaten mit gesetzlicher Emissionskontrolle enthalten die Prüfvorschriften Fahrkurven. Zur Zeit sind für Pkw und leichte Nkw mehrere in Geschwindigkeitsverlauf und Dauer unterschiedliche Fahrzyklen vorgeschrieben (Bilder 1 und 2), die sich entsprechend ihrer Entstehungsart nach zwei Typen unterscheiden:
- Fahrkurven aus Aufzeichnungen tatsächlicher Straßenfahrten, z.B. USA FTP-Fahrzyklus (FTP: Federal Test Procedure) und
- konstruierte Fahrkurven aus Abschnitten mit konstanter Beschleunigung und Geschwindigkeit, z.B. Europa- und Japan-Fahrzyklus.

Die Emissionskontrolle schwerer Nutzfahrzeugmotoren erfolgt auf einem Motorenprüfstand. Zunehmend werden auch hierfür genau spezifizierte instationäre Motorbetriebsbedingungen vorgeschrieben, um insbesondere die Einflüsse von Beschleunigung und Verzögerung auf das Abgasverhalten zu erfassen. Diese Prüfverfahren erfordern große Investitionen für den Motorenprüfstand und die Meßtechnik (volldynamische, elektronische Regeleinrichtung zur Nachbildung der Betriebsbedingungen aus der vorgeschriebenen Fahrkurve bzw. eine komplexe Aufbereitung der Abgasproben).

Die auslaufenden Abgastests bei festgelegten stationären Last- und Drehzahlwerten werden hingegen erst nach Stabilisierung des jeweiligen Motorbetriebspunktes durchgeführt. Sie kommen daher mit einfacheren Regel- und Meßeinrichtungen aus.

*Abgasprüftechnik*

Bild 2

**CVS-Testmethode für Pkw und leichte Nkw.**
**1** Kühlgebläse, **2** Dynamometer, **3** Luft, **4** Filter, **5** Pumpe, **6** Verdünnungstunnel, **7** Durchflußmesser, **8** Gaszähler, **9** Wärmetauscher/Erhitzer, **10** Ofen, **11** Luftbeutel, **12** Eichgas, **13** Nullgas, **14** Abgasbeutel, **15** beheizte Leitung, **16** Roots-Gebläse, **17** Absaugung, **18** Integrator, **19** Rechner, **20** Schreiber.

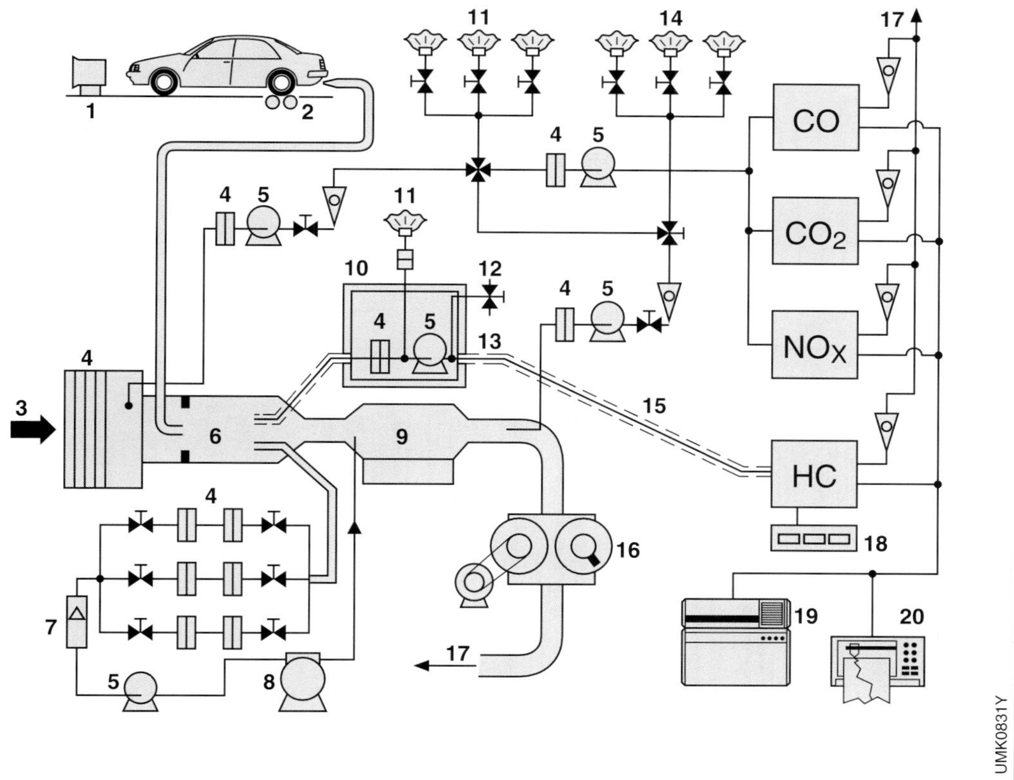

*Dieselverbrennung*

Bild 3

**Transient-Fahrzyklen für schwere Nutzfahrzeugmotoren im Abgastest.**

Sowohl die normierte Drehzahl $n^*$ als auch das normierte Drehmoment $M^*$ sind vom Gesetzgeber vorgegebene Tabellenwerte.
a Spezifischer Drehzahl- und Drehmomentverlauf; USA,
b spezifischer Drehzahl- und Drehmomentverlauf; Europa (ab 2000/2005): ETC-Prüfzyklus.

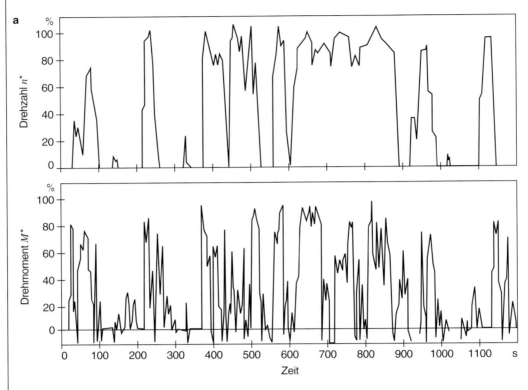
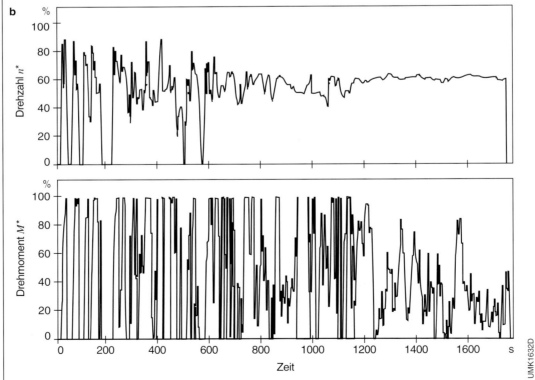

### CVS-Testmethode

Die CVS-Technik (Constant Volume Sampling) wurde erstmals 1972 in den USA für Pkw und leichte Nkw mit Dieselmotor eingeführt und in mehreren Stufen verbessert. Sie beruht auf dem Verdünnen des (variierenden) Abgasvolumenstroms mit Umgebungsluft zu einem konstanten Abgas-Luft-Gemisch-Volumenstrom sowie auf der Bestimmung der Größe und der mittleren Schadstoffkonzentration dieses Gemischvolumenstroms.

Diese Methode zeichnet sich aus durch:
- Berücksichtigung des realen, vom jeweiligen Motor während des Tests emittierten Abgasvolumens,
- tatsächliche Erfassung aller stationären und instationären Fahrzustände,
- Vermeidung der Kondensation von Wasserdampf und von unverbrannten Kohlenwasserstoffen und
- meßtechnisch eindeutige Bestimmung der Partikelemission.

Seit 1975 sind in den USA alle Dieselfahrzeuge in die CVS-Testmethode einbezogen. Dafür mußten die Probenentnahme und die Analysenanlage für die Messung der Kohlenwasserstoffe modifiziert werden. Um die Kondensation von hochsiedenden Kohlenwasserstoffen im Probengas zu vermeiden oder die bereits im Dieselabgas kondensierten Kohlenwasserstoffe wieder zu verdampfen, ist die Aufheizung des kompletten Entnahmesystems für die Proben auf circa 190 °C erforderlich.

Durch das Einbeziehen von Partikelgrenzwerten in die Abgasgesetzgebung wurde die CVS-Testmethode modifiziert. Dazu wurde ein „Verdünnungstunnel" mit hoher innerer Strömungsturbulenz (Reynoldszahl > 40 000) in die Meßanlage integriert und mit entsprechenden Filtermeßstellen zum Sammeln von Partikeln ergänzt. Infolge der Verdünnung, die im Durchschnitt bei 1:10 liegt, sind die gemessenen Schadstoffkonzentrationen sehr niedrig, so daß hochempfindliche Analysatoren eingesetzt werden müssen.

Alle Staaten, die in ihre Abgasgesetzgebung die CVS-Testmethode einbezogen haben, verwenden einheitliche Meßprinzipien für die Analyse der Abgas- und Schadstoffkomponenten:
- Bestimmung der CO- und $CO_2$-Konzentrationen mit nichtdispersiven Infrarot(NDIR)-Analysatoren,
- Bestimmung der $NO_X$-Konzentration mit Geräten, die nach dem Chemolumineszenz-Prinzip CLD arbeiten, und
- gravimetrische Bestimmung der Partikelemissionen (Konditionierung und Wägung der Partikelsammelfilter vor und nach ihrer Beladung).

### Transient-Testmethode (USA, Europa)

Die in den USA ab Modelljahr 1986 vorgeschriebene und in Europa ab 2000/2005 vorgesehene Transient-Testmethode (Bild 3) für die Emissionsprüfung von Dieselmotoren in schweren Nkw ab 8 500 lbs (ca. 3,8 t) bzw. über 3,5 t Gesamtgewicht benutzt ebenfalls die zuvor beschriebene CVS-Testmethode.

Die Größe der Motoren erfordert (zur Einhaltung gleicher Verdünnungsverhältnisse wie bei der CVS-Meßmethode für Pkw und leichte Nkw) eine Testanlage mit erheblich größerer Durchsatzkapazität. Die vom Gesetzgeber zugelassene doppelte Verdünnung (über Sekundärtunnel) trägt dazu bei, den apparativen Aufwand zu begrenzen.

Der verdünnte Abgasvolumenstrom kann wahlweise mit einem geeichten Rootsgebläse (Umdrehungszähler) oder mit einem Venturirohr im kritischen Druckbereich bestimmt werden.

### 13-Stufen-Test ECE R.49 (Europa)

Diese Testmethode zur Emissionsprüfung von schweren Nutzfahrzeugmotoren ist in der EU sowie in weiteren europäischen Staaten bis Ende 1999 gültig.

Die Bewertungsfaktoren der einzelnen Prüfpunkte berücksichtigen die charakteristischen Einsatzbedingungen im europäischen Straßenverkehr.

*Abgasprüftechnik*

*Dieselverbrennung*

Das Gesamtergebnis wird aus gewichteten Teilergebnissen der einzelnen Stufen ermittelt und auf eine nach gleicher Methode errechnete mittlere Motorleistung bezogen. Die Häufigkeitsverteilung von Last und Drehzahl beim Einsatz im normalen Straßenverkehr wird durch verschiedene Bewertungsfaktoren der einzelnen Stufen berücksichtigt (Bild 5).

Seit der Einführung von Partikelgrenzwerten ist auch im 13-Stufen-Test die Anwendung der CVS-Meßmethode erforderlich. Zur Begrenzung des apparativen Aufwands läßt der Gesetzgeber die Teilstromverdünnung (nur ein definierter Teil des Abgasvolumenstroms wird analysiert und daraus die Gesamtemission berechnet) gleichrangig mit der Vollstromverdünnung zu (Bild 4).

### 13-Stufen-Test ESC (Europa)

Der ESC-Testzyklus ersetzt den auslaufenden 13-Stufen-Test ECE R49 für schwere Nutzfahrzeuge. Er tritt im Jahr 2000 in Kraft, kommt generell nur für schwere Nfz-Motoren ohne Abgasnachbehandlung zur Anwendung und bleibt voraussichtlich nur bis 2005 gültig (danach wird der dynamische ETC-Test für alle Prüfungen schwerer Nfz-Motoren bindend).

Die Emissionsprüfung erfolgt bei diesem ESC-Testzyklus ebenfalls bei 13 definierten und stationär zu fahrenden Prüfbedingungen (Bild 6), nur die Motorbetriebspunkte und die Gewichtung der jeweils erhaltenen Maßergebnisse für die Motorleistung, den Kraftstoffverbrauch und die Schadstoffemission sind völlig verschieden.

### 10·15-Stufen-Test (Japan)

Dieser Fahrzeugtest, gültig in Japan für Pkw und leichte Nkw, umfaßt eine Emissionsprüfung gas- und partikelförmiger Schadstoffe auf einem Rollenprüfstand nach einem konstruierten Fahrzyklus. Er entspricht dem charakteristischen Fahrverhalten in Tokio und wurde –

Bild 4

**Probenentnahme- und Meßsystem für den 13-Stufen-Test (Europa).**
1 Abgas, 2 Luft, 3 Nullgas, 4 Kalibriergas, 5 Kraftstoff, 6 Rückspülung, 7 Auslaß, 8 Beheizung Leitung/Gehäuse, 9 Filter, 10 Pumpe, 11 Kühler, 12 Wasserabscheider, 13 Durchflußmesser, 14 Vorfilter, 15 Sauerstoff.

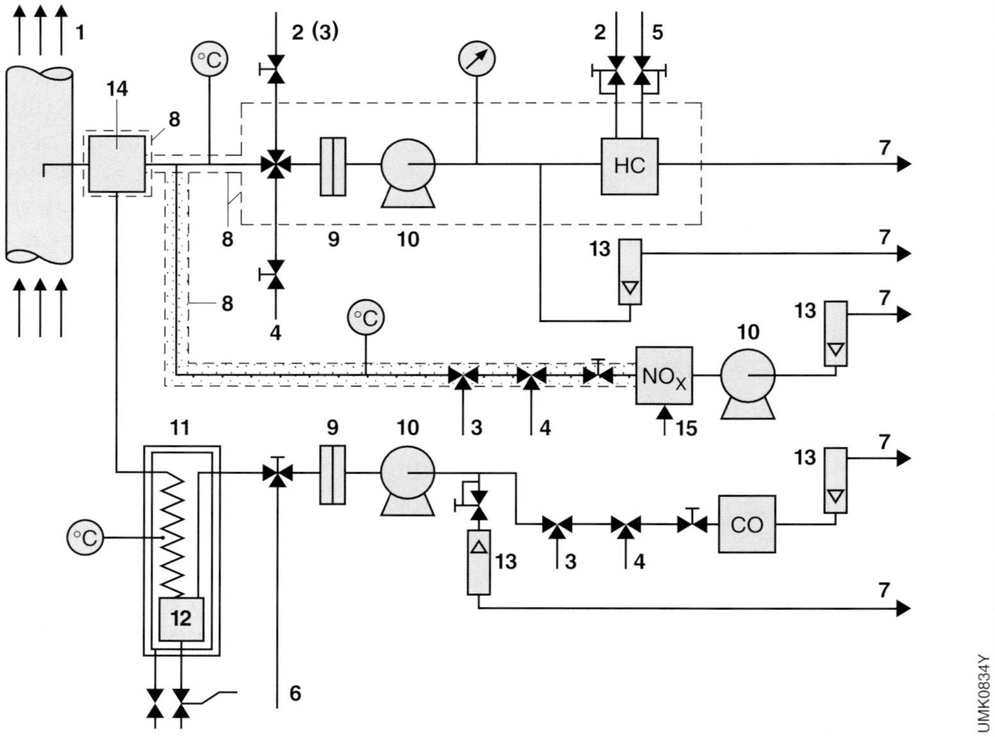

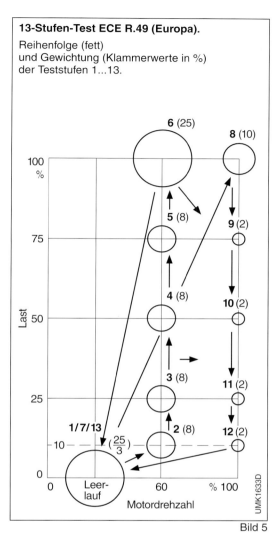

Bild 5

**13-Stufen-Test ECE R.49 (Europa).**
Reihenfolge (fett) und Gewichtung (Klammerwerte in %) der Teststufen 1...13.

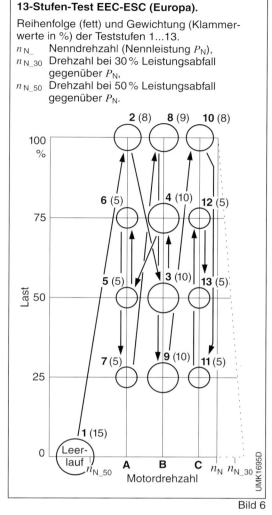

Bild 6

**13-Stufen-Test EEC-ESC (Europa).**
Reihenfolge (fett) und Gewichtung (Klammerwerte in %) der Teststufen 1...13.
$n_{N\_}$ Nenndrehzahl (Nennleistung $P_N$),
$n_{N\_30}$ Drehzahl bei 30% Leistungsabfall gegenüber $P_N$,
$n_{N\_50}$ Drehzahl bei 50% Leistungsabfall gegenüber $P_N$.

*Abgasprüftechnik*

ähnlich dem europäischen Fahrzyklus – um einen Hochgeschwindigkeitsanteil ergänzt. Das Meßverfahren stimmt exakt mit der Massenemissionstechnik überein, die bei der CVS-Meßmethode in den USA eingesetzt wird.

### 13-Stufen-Test (Japan)

Diese Testmethode ist gültig in Japan für schwere Nutzfahrzeuge mit einem Gesamtgewicht größer als 2500 kg. Die Betriebspunkte und ihre jeweiligen Gewichtungen (Bild 7) unterscheiden sich wesentlich vom europäischen 13-Stufen-Test. Mit der Einführung von Partikelgrenzwerten in Japan ist auch hier die CVS-Meßmethode erforderlich geworden.

### Prüfzyklen zur Rauchmessung

Für Dieselmotoren sind in den USA, in Japan und in der EU besondere Fahrzyklen zur Rauchprüfung vorgeschrieben. Sie werden auf einem Motorenprüfstand gefahren. Der verwendete Fahrkurventyp stellt keine Simulation des Fahrbetriebs im Straßenverkehr dar, sondern legt Betriebsbedingungen bzw. Betriebspunkte fest, bei denen die größte Rauchdichte zu erwarten ist.

### Rauchtests

Lange vor Einführung der Gesetzgebung zur Kontrolle gasförmiger Schadstoffe sind bereits separate Gesetzgebungen zur Rauchkontrolle von Dieselfahrzeugen in Kraft getreten. Sie sind auch heute noch nahezu unverändert gültig. In den Staaten mit gesetzlicher Dieselrauchkontrolle sind die Testmethoden nicht einheitlich. Alle existierenden Rauchtests sind eng an die verwendenden Meßgeräte gekoppelt.

*Dieselverbrennung*

USA-Rauchtest (Federal-Smoke-Test)
Der Test besteht aus einer vorgeschriebenen Folge von Fahrzuständen nach einem vorangegangenen Motorwarmlauf. Er kann nur auf einem Motorenprüfstand durchgeführt werden. Die vor dem Test festgelegte Bremsbelastung ergibt sich aus der Fahrvorschrift. Danach muß ein 6stufiger Fahrzyklus dreimalhintereinander gefahren werden, wobei von den drei nachfolgend aufgeführten Stufen die Rauchwerte zu ermitteln sind (Bild 8):

– Stufe 2: Bremslastgeregelte Vollastbeschleunigung der Prüfeinheit mit linearem Drehzahlanstieg von ca. 30% auf ca. 90% der Nenndrehzahl, innerhalb vorgegebenem Zeitfenster. Im wesentlichen handelt es sich um eine freie Vollastbeschleunigung gegen die Trägheitsmassen von Motor und unbelastetem Dynamometer.

– Stufe 4: Bremslastgeregelte Vollastbeschleunigung innerhalb weitem, eng toleriertem Zeitfenster, ausgehend von jener Drehzahl, die dem höheren Wert aus der Drehzahl des maximalen Drehmomentes bzw. 60% der Nenndrehzahl entspricht.

– Stufe 6: Bremslastgeregelte Vollastverzögerung (durch Erhöhen der Bremslast) mit linearem Drehzahlabfall von ca. 100% der Nenndrehzahl auf jene Drehzahl, die dem höheren Wert aus der Drehzahl des maximalen Drehmoments bzw. 60% der Nenndrehzahl entspricht. Für jede Wertungsstufe wird aus einer vorgegebenen Anzahl von Wiederholungsmessungen das arithmetische Mittel gebildet. Die Rauchwerte sind als Trübungswerte nur mit einem Lichtabsorptions-Meßgerät zu messen.

Japan-Rauchtest (3-Stufen-Test)
Dieser Test ist für die Zulassung aller Fahrzeuge mit Dieselmotoren in Japan obligatorisch. Dabei wird der Dieselrauch unter Vollast im Beharrungszustand bei drei verschiedenen Drehzahlen auf einem Motorenprüfstand mit Filtermeßgeräten ermittelt (Bild 9).

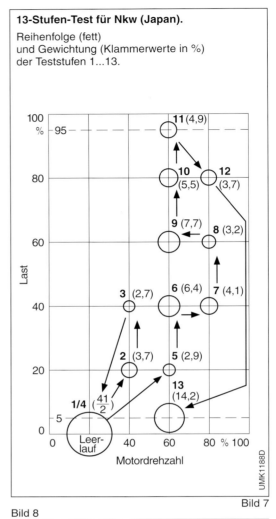

**13-Stufen-Test für Nkw (Japan).**
Reihenfolge (fett) und Gewichtung (Klammerwerte in %) der Teststufen 1...13.

Bild 7

Bild 8
**Fahrzyklus mit USA-Rauchtest.**
*a* Vollast, *b* Leerlauf.
**1** bis **6**: Teststufen mit definierter Belastung.

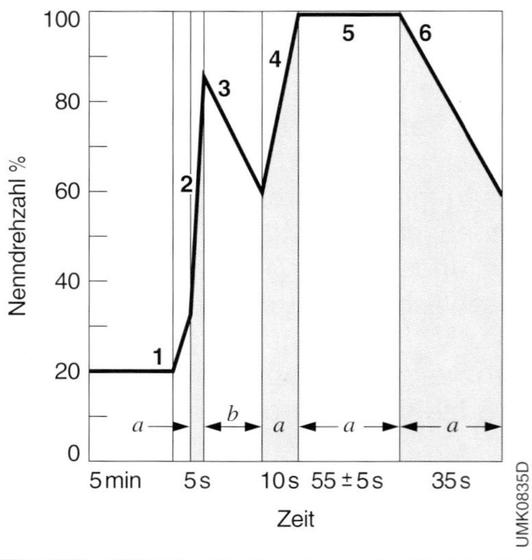

## EU-Rauchtest (ECE R.24)

Zur Erlangung der allgemeinen Betriebserlaubnis wird für die Rauchkontrolle eines Dieselmotors die Vollastmethode angewendet. Hierbei ist der eingelaufene Motor unter Einhaltung der vorgesehenen Betriebstemperatur für Schmieröl und Kühlwasser mit der für den serienmäßigen Einbau vorgesehenen Auspuffanlage unter Vollast mit konstanter Drehzahl zu betreiben. Im Drehzahlbereich zwischen 100% und 45% der Nenndrehzahl, jedoch nicht niedriger als 1000 min$^{-1}$, ist die Vollasttrübung bei mehreren gleichmäßig über den Drehzahlbereich verteilten Drehzahlen zu ermitteln (Bild 10).

Es ist die Verwendung eines Lichtabsorptions-Meßgerätes vorgeschrieben. Als Vergleichswert für die Lichttrübung dient der Absorptionskoeffizient *$k$, dessen Grenzwertkurve festliegt. Diese „Vollastmethode" gewährleistet nur dann eine eindeutige und gut reproduzierbare Kennzeichnung des Vollast-Rauchverhaltens, wenn sich der jeweilige thermische Beharrungszustand eingestellt hat. Wenn Dieselrauch außer Ruß noch Ölnebel und oder kondensierten Wasserdampf enthält, ist das Meßergebnis nicht zufriedenstellend: das Absorptions-Meßgerät täuscht höhere Dieselrauch-Emissionen vor.

Teil 2 der ECE-R.24 ist die Rauchmessung unter „freier Beschleunigung": Sie schließt unmittelbar an die Vollast-Rauchmessung an und dient zur Bestimmung des Rauchstoßes unter freier Beschleunigung, als Vergleichswert für die Feldüberwachung. Beim Beschleunigungstest wird der unbelastete, betriebswarme Motor aus der Leerlaufdrehzahl heraus durch schnelles „Durchtreten" des Fahrpedals auf Höchstdrehzahl beschleunigt. Dabei wird die gesamte Vollastleistung zum Beschleunigen der rotierenden Massen aufgebracht. Die Versuchsdauer beträgt deshalb nur 2 bis 5 Sekunden.

## EU-Rauchtest (EEC-ELR)

Dieser Rauchtest ist im Anschluß an die Typprüfung von schweren Nfz-Motoren (nach ESC oder ETC) zu bestehen. Es handelt sich um einen mehrschichtigen Belastungstest des Motors bei jenen drei Drehzahlen A, B und C, die beim ESC-Prüfverfahren zur Anwendung kommen. Eine zusätzliche vierte Motordrehzahl D liegt zwischen den Drehzahlen A und C. Bei jeder der drei Dreh-

*Abgasprüftechnik*

Bild 9

**Fahrzyklus mit Japan-Rauchtest.**

Die jeweilige Teststufe (Vollast) beginnt nach Erreichen des Beharrungszustandes und endet nach Abschluß der Rauchmessung.
1) oder 1000 min$^{-1}$ für Fahrzeuge, bei denen 0,4 $n_{max}$ <1000 min$^{-1}$ beträgt.

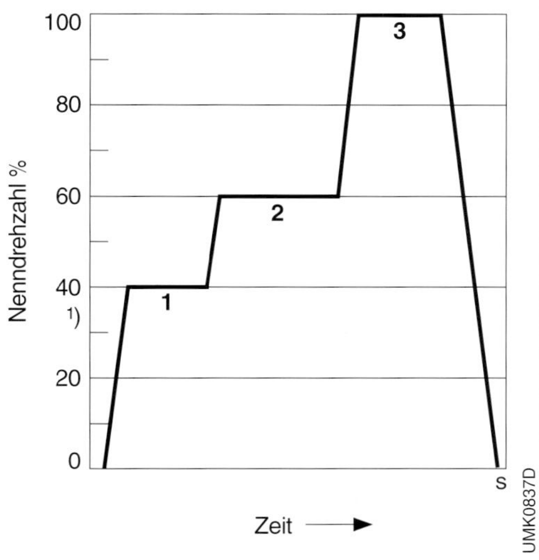

Bild 10

**Fahrzyklus mit ECE R.24-Rauchtest.**

Die jeweilige Teststufe (Vollast) endet nach Abschluß der Rauchmessung.
1) oder 1000 min$^{-1}$ für Fahrzeuge, bei denen 0,45 $n_{max}$ <1000 min$^{-1}$ beträgt.

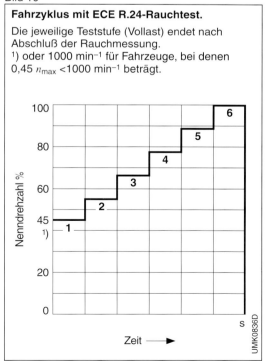

*Dieselverbrennung*

zahlen A, B und C wird die Einspritzmenge schlagartig auf 100% der zu dieser Drehzahl gehörenden Vollast-Einspritzmenge erhöht. Ausgangspunkt ist jeweils ein Drehmoment, das 10% des bei der betreffenden Drehzahl höchstmöglichen Drehmoments umfaßt. Die Belastung wird dabei so nachgeregelt, daß die Motordrehzahl (nahezu) konstant bleibt. Ebenso verläuft der Prüfvorgang bei der Drehzahl D; lediglich das Drehmoment des Ausgangszustandes darf auf ≥10% des zugehörigen Vollastmomentes festgesetzt werden. Für jede Drehzahl sind hintereinander drei gleiche Prüfläufe zu fahren. Die Prüfdrehzahl D und das Drehmoment des zugehörigen Ausgangszustandes wird von der Prüfbehörde festgesetzt (Bild 11).

Die Rauchdichte ist, analog zum EU-Rauchtest nach ECE R.24, mit einem Lichtabsorptions-Meßgerät vorzunehmen. Die Auswertung und Anerkennung der Gültigkeit des Endergebnisses unterliegt genau vorgegebenen Vorschriften. Der daraus resultierende Absorptionskoeffizient stellt den Rauchstoß des Motors bei plötzlicher Belastungszunahme im unteren und mittleren Drehzahlbereich dar und erfaßt damit die in der Fahrpraxis auftretenden kritischen Zustände.

## Meßgeräte

Weltweit angewandte Meßprinzipien für vorgeschriebene Prüfverfahren sind:

### Kohlenwasserstoff-Analyse

Die Bestimmung der Gesamtkohlenwasserstoffe im Dieselabgas erfolgt mit einem Flammen-Ionisations-Detektor (FID). Das FID-Meßprinzip beruht auf der Ionenbildung bei der Verbrennung von Kohlenwasserstoffen in einer Wasserstoff-Flamme (Bild 12). Der zwischen 2 Elektroden fließende Ionenstrom ist proportional zum atomaren C-Anteil der jeweiligen Kohlenwasserstoffverbindung.

Das Abgas enthält eine Vielzahl unterschiedlicher Kohlenwasserstoffverbindungen (unverbrannte, gespaltene und teilweise oxidierte Verbindungen), die je nach Kraftstoffart und Betriebszustand des Motors in verschiedenen Verhältnissen zueinander auftreten.

Bild 11

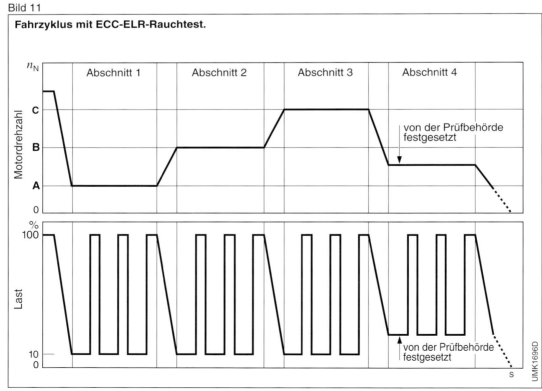

Fahrzyklus mit ECC-ELR-Rauchtest.

Die Aufbereitung des Probengases hat gerade bei der Kohlenwasserstoffanalyse von Dieselabgas entscheidenden Einfluß: Infolge der stark unterschiedlichen Kondensationstemperaturen der Einzelkomponenten ist es im Gegensatz zur Messung beim Ottomotor notwendig, das Probengassystem vom Ort der Probengasentnahme bis zum Eintritt in die Brennkammer des FID lückenlos zu beheizen. Die Wandtemperatur des Leitungssystems muß $(190 \pm 10)\,°C$ betragen.

## Kohlenmonoxid- und Kohlendioxid-Analyse (Bild 13)

Die Konzentration beider Gaskomponenten wird nach dem NDIR-Verfahren

*Abgasprüftechnik*

Bild 12

**FID-Meßverfahren zur HC-Analyse.**
**1** Anzeige, **2** Brenner, **3** Auslaß, **4** Wasserstoff, **5** HC-freie Luft, **6** Eichgas, **7** Abgas.

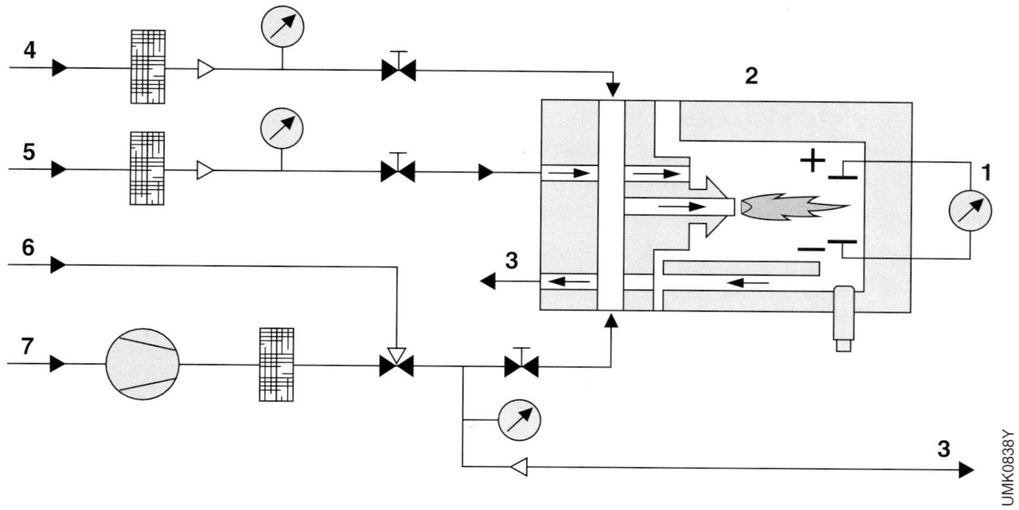

Bild 13

**NDIR-Meßverfahren zur CO/CO$_2$-Analyse.**
**1** Gleichspannungsquelle, **2** Verstärker, **3** Netzstabilisierung, **4** Empfängerkammer,
**5** Metallmembran, **6** Blende, **7** Abgas, **8** Meßküvette, **9** Vergleichsküvette, **10** Filterküvetten,
**11** motorgetriebenes Blendenrad, **12** Strahlungsquelle.

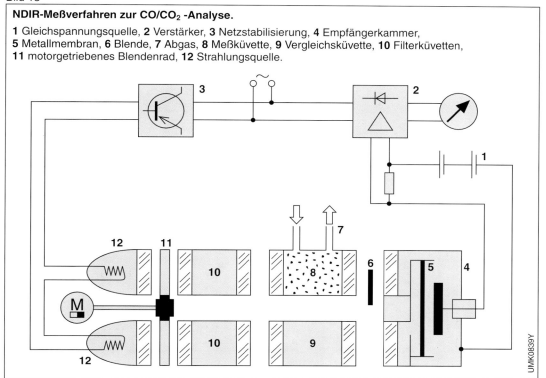

*Dieselverbrennung*

(nichtdispersiver Infrarot-Analysator) ermittelt. Dieses Verfahren nützt den Effekt, daß alle mehratomigen, nichtelementaren Gase infrarote Strahlung in ausgeprägten, für jedes Gas spezifischen Banden absorbieren. Das Meßgas wird durch eine im Meßstrahlengang liegende Meßküvette geleitet. In einer Vergleichsküvette im zweiten Strahlengang befindet sich ein Gas, das in den aktuellen Wellenlängen keine Strahlung absorbiert. Die Infrarot-Strahlen werden durch ein Blendenrad abwechselnd durch je eine Küvette geleitet und treten jeweils in eine der beiden Empfängerkammern ein. Diese sind mit der zu analysierenden Gaskomponente gefüllt und durch eine als Kondensatorplatte ausgebildete Metallmembran voneinander getrennt. Die eintretende Strahlung wird nur in den spezifischen Absorptionsbanden des Empfängergases – also selektiv – absorbiert. Eine Differenz der absorbierten Energie führt zwischen den beiden Empfängerkammern zu einer Temperatur- und Druckdifferenz, die in eine der Konzentration der Meßkomponente proportionale elektrische Spannung umgewandelt wird.

### Stickoxid-Analyse

Das Meßprinzip nutzt die Chemo-Lumineszenz (chemisch bewirkte Lichterscheinung) aus, die bei der Reaktion von Stickoxid (NO) mit Ozon ($O_3$) im Bereich zwischen 590 und 3000 nm auftritt (Bild 14).

Die Gasprobe enthält nicht nur das durch die Verbrennung im Motor gebildete Stickoxid, sondern auch Teiloxidationsprodukte von NO mit dem im Abgas enthaltenen Restsauerstoff, wodurch sich andere Stickoxide bilden (z. B. $NO_2$, $N_2O$, $N_2O_4$). Neben dem Hauptanteil an NO kann vor allem $NO_2$ eine nicht vernachlässigbare Konzentration erreichen, wohingegen die anderen Stickoxidverbindungen nur geringfügig über den Grundwerten der Umgebungsluft liegen. Soll die Summe aller Stickoxidverbindungen ($NO_X$) im Probengas ermittelt werden, dann müssen sie im „Konverter" thermisch oder thermisch-katalytisch auf NO reduziert werden (die bereits als NO vorhandene Komponente wird hierdurch nicht beeinflußt). Der CLD-Reaktionskammer wird somit eine auf NO reduzierte Stickoxidkonzentration zugeführt. Die durch $O_3$-Zufuhr in der Meßkammer erzeugte

Bild 14

**CLD-Meßverfahren zur NOX-Analyse.**

1 Hochvakuumpumpe, 2 Molekularsieb, 3 Referenzleitung, 4 Mengenregler, 5 Filter, 6 Luft, 7 Sauerstoff, 8 O3-Generator, 9 Kapillare, 10 Reaktionskammer, 11 optisches Filter, 12 Fotovervielfacher, 13 Verstärker, 14 Anzeigegerät, 15 Abgas, 16 $NO_X$/NO-Konverter.

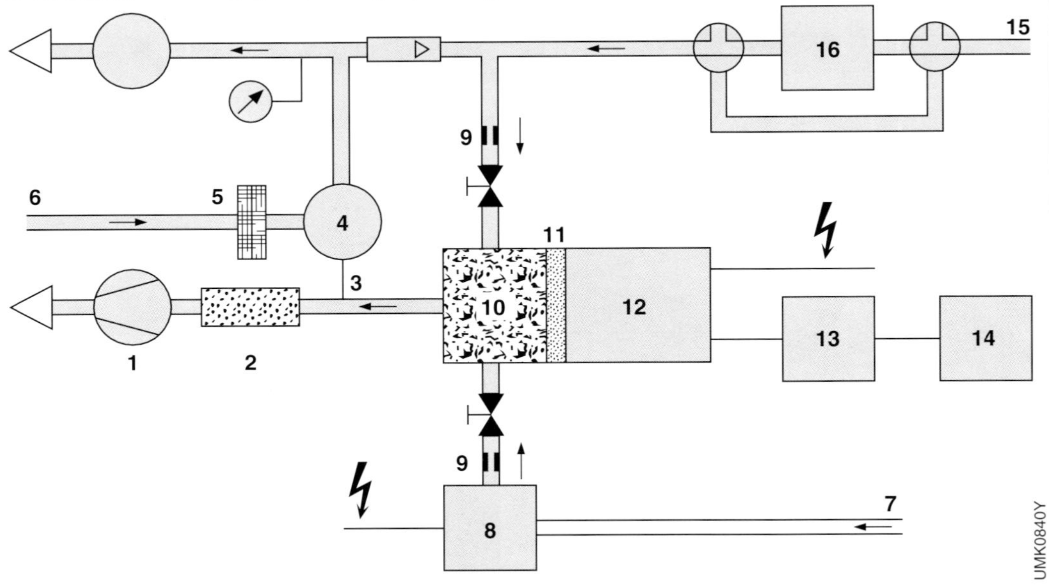

Chemo-Lumineszenz entspricht somit dem Gesamtstickoxidgehalt im Motorabgas. Zur Ausschaltung störender Lumineszenz durch andere im Gasgemisch enthaltene Moleküle wird mit Hilfe eines optischen Filters nur der Strahlungsbereich von 600 bis 660 nm berücksichtigt. Durch diese Selektion sowie seine sehr niedrige Nachweisgrenze ist das Chemo-Lumineszenz-Meßprinzip (CLD) für die NO-Messung in verdünntem wie auch in unverdünntem Abgas von Dieselmotoren geeignet. Da $NO_2$ wasserlöslich ist, muß die Kondensation von Wasserdampf in der Probengasleitung verhindert werden. Dazu wird sie auf $150\pm50$ °C beheizt.

**Partikelmessung**

Gemäß Definition sind unter Partikeln jene Abgasbestandteile zu verstehen, die bei einer Probengastemperatur von maximal 52 °C auf genormten fluorcarbonbeschichteten Glasfaserfiltern abgeschieden werden. Die Massenbestimmung erfolgt durch Differenzwägung (Leerfilter bzw. beladener Filter), bei konstanter Feuchte und Temperatur, mit einer Präzisionswaage.

Diese Definition wurde erstmals in der USA-Abgasgesetzgebung festgelegt, wird aber inzwischen in allen Staaten, die Partikelgrenzwerte vorschreiben, als einzig anerkannte Meßmethode eingeführt.

**Bestimmung der Rußemission**

Zur Messung des Rußgehaltes im Dieselabgas sind in der Abgasgesetzgebung die Filter- und die Absorptionsmethode aufgeführt. Eine Wechselbeziehung zwischen den Meßergebnissen beider Verfahren besteht dann, wenn im Falle der Lichtabsorptionsmessung (Trübungsmessung) das Abgas weder Wasserdampf- noch Kraftstoffnebel enthält. Beide Meßmethoden liefern Meßwerte, die mit zunehmender Rußkonzentration logarithmisch ansteigen. Bei der Verwendung optischer Geräte ist eine höhere Genauigkeit der Anzeige als 5 % kaum erreichbar.

Bei der Filtermethode wird die Schwärzung eines Filterplättchens als Maßstab für die darauf abgeschiedene Rußmenge benutzt (Bild 15). In einigen Staaten (z. B. Schweiz) ist zur Messung des Rauchstoßes bei freier Beschleunigung als Kriterium für die Feldüberwachung das Filtergerät vorgeschrieben. Dazu

*Abgasprüftechnik*

Bild 15

**Filtermethode zur Bestimmung der Rußemission.**
a Bosch-Rauchgastester, b Auswertgerät.
1 Abgas, 2 berußtes Filterpapier, 3 Kolbenstellung vor Messung, 4 Ansaugvolumen, 5 Kolbenstellung nach Messung, 6 Spannfeder, 7 Batterie, 8 Lichtquelle, 9 Anzeige, 10 Lichtempfänger.

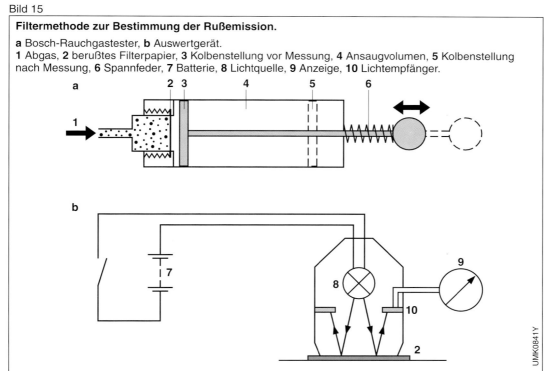

*Dieselverbrennung*

muß die Zeitdauer der Entnahme der Probengasmenge auf die Hochlaufzeit des Motors abgestimmt werden. Die Entnahmedauer wird generell auf 6 s festgesetzt, damit der vollständige Rauchstoß vom Filterplättchen erfaßt wird. Die Auswertung erfolgt mit Hilfe einer Fotozelle (Bild 15b) oder mit der „Bacharach-Grautonskala".

Der Rauchgastester (Lichtabsorptions- oder Trübungsmessung) benutzt als Maß für den Rußgehalt die Trübung eines Lichtstromes. Während der Messung zieht eine Pumpe einen Teilstrom des Abgases durch Entnahmesonde und Schlauch zur Meßkammer. Dieses Verfahren vermeidet insbesondere Einflüsse des Abgasdrucks und seiner Schwankungen auf das Meßergebnis.

In der Meßkammer durchläuft ein Lichtstrahl das angesaugte Dieselabgas, die Lichtschwächung wird fotoelektrisch gemessen und in %-Trübung $T$ oder als Absorptionskoeffizient $*k$ angezeigt.

Exakt definierte Meßkammerlänge und thermisches Freihalten der Meßkammerfenster von Ruß sind Voraussetzung für hohe Genauigkeit und gute Reproduzierbarkeit der Meßergebnisse (Bilder 16, 17 und 18). Bei Prüfungen unter Last wird kontinuierlich gemessen und angezeigt. Bei freier Beschleunigung wird die gesamte Meßkurve digital abgespeichert, der Tester selbst wertet automatisch den Spitzenwert aus und bildet den Mittelwert aus mehreren Beschleunigungsstößen.

## Beurteilung

Alle Abgasmessungen sind sowohl mit zufälligen (stochastischen) als auch systematischen Fehlern behaftet. Die zufälligen Fehler lassen sich durch Wiederholungsmessungen verringern.

Die systematischen Fehler sind dann am größten, wenn nur eine Prüfeinrichtung zur Verfügung steht. Dieser Fehleranteil kann nur durch den Einsatz weiterer Meßmittel (z.B. zweiter Prüfstand) vermindert werden. Nur der Mittelwert aus den Ergebnissen vieler Messungen ergibt eine befriedigende Beurteilung der Abgasemissionen.

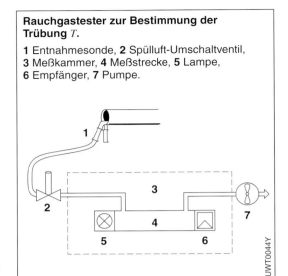

**Rauchgastester zur Bestimmung der Trübung $T$.**
**1** Entnahmesonde, **2** Spülluft-Umschaltventil, **3** Meßkammer, **4** Meßstrecke, **5** Lampe, **6** Empfänger, **7** Pumpe.

Bild 16

Bild 17

**Gasstoßmessung über die Zeit.**

Bild 18

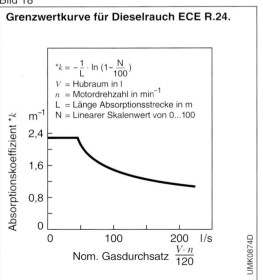

**Grenzwertkurve für Dieselrauch ECE R.24.**

$$*k = -\frac{1}{L} \cdot \ln\left(1 - \frac{N}{100}\right)$$

$V$ = Hubraum in l
$n$ = Motordrehzahl in min$^{-1}$
$L$ = Länge Absorptionsstrecke in m
$N$ = Linearer Skalenwert von 0...100

Nom. Gasdurchsatz $\frac{V \cdot n}{120}$

# Abgasgrenzwerte Europa (Stand 1998)

*Abgasprüftechnik*

Tabelle 1
**Grenzwerte für Pkw in der EU. Zulässiges Gesamtgewicht ≤ 2,5 t und ≤ 6 Sitzplätze.**

| Regelung | Prüfung | Datum | Motorbauart | HC+NO$_X$ g/km [5] | CO g/km [5] | Partikel g/km [5] |
|---|---|---|---|---|---|---|
| 91/441/EWG [1] 1. Stufe (Euro I) | Typprüfung/ Erstzulassung | 1.7.92 1.1.93 | IDI [3] | 0,97 1,13 | 2,72 3,16 | 0,14 0,18 |
| 94/12/EU [2] 2. Stufe (Euro II) | Typprüfung/ Erstzulassung | 1.7.96 1.1.97 | IDI [3] DI [4] | 0,7 0,9 | 1,0 1,0 | 0,08 0,1 |
| Vorschlag EP [2] 3. Stufe (Euro III) | Typprüfung/ Erstzulassung | 1.1.2000 | IDI [3] & DI [4] | 0,56 (0,50) [7] | 0,64 | 0,05 |
| Vorschlag EP [2] 4. Stufe (Euro IV) | Typprüfung/ Erstzulassung | 1.1.2005 | IDI [3] & DI [4] | 0,3 (0,25) [7] | 0,5 [6] | 0,025 [6] |

[1]) Sonderregelung für DI und für $V_H$ < 1,4 l. [2]) Kein Serientoleranzbonus (Typprüfgrenzwert ist gleich Seriengrenzwert). [3]) Kammermotoren. [4]) Direkteispritzmotoren. [5]) Neuer europäischer Fahrzyklus (NEFZ), Beginn der Probennahme nach 40 s. [6]) Modifizierter NEFZ, ohne 40 s Vorlauf. [7]) NO$_X$ allein darf den angegebenen Klammerwert nicht überschreiten.

Tabelle 2
**Grenzwerte für schwere Nkw in Europa. Zulässiges Gesamtgewicht > 3,5 t (Motorleistung > 85 kW).**

| Regelung | Prüfung | Datum | HC g/kWh | NO$_X$ g/kWh | CO g/kWh | Partikel g/kWh |
|---|---|---|---|---|---|---|
| 91/542/EWG 1. Stufe (Euro I) | Typprüfung/ Serie | 1.7.92 1.10.93 | 1,1 [1] 1,23 [1] | 8,0 [1] 9,0 [1] | 4,5 [1] 4,9 [1] | 0,36 [1] 0,4 [1] |
| 91/542/EWG 2. Stufe (Euro II) | Typprüfung/ Serie | 1.10.95 1.10.96 | 1,1 [1] | 7,0 [1] | 4,0 [1] | 0,15 [1] |
| Vorschlag 3. Stufe (Euro III) | Typprüfung/ Serie | 1.10.2000 | 0,66 [2] 0,78 [3][4] | 5,0 [2] 5,1 [3] | 2,1 [2] 5,45 [3] | 0,1 [2] 0,16 [3] |
| Vorschlag 4. Stufe (Euro IV) | Typprüfung/ Serie | ca. 2005 | 0,33 [2] 0,39 [3][4] | 2,5 [2] 2,5 [3] | 1,05 [2] 2,73 [3] | 0,05 [2] 0,08 [3] |

Zusätzlich gelten Rauchgrenzwerte nach ECE R.24 ($k_{lim}$) und EEC-ELR (k = 0,8 m$^{-1}$).
[1]) Europäischer 13-Stufen-Test (nach ECE R.49). [2]) Neuer europäischer 13-Stufen-Test (EEC-ESC).
[3]) Neuer europäischer Instationärtest EEC-ETC). [4]) NMHC.

Tabelle 3
**Grenzwerte für leichte Nkw in Europa. Zulässiges Gesamtgewicht < 3,5 t (entsprechend 93/59/EWG). Neuer europäischer Fahrzyklus (NEFZ).**

| Bezugs-Masse kg | Schadstoff-komponenten | Standardregelung (zusätzlich existiert Sonderregelung D1 für Fahrzeugklassen M und N1) Typprüfung | | | | Vorschläge Typprüfung | |
|---|---|---|---|---|---|---|---|
| | | 10.94 [1] DI g/km | 1.97 [1] IDI g/km | 1.97 [1] DI g/km | 10.99 [1] DI g/km | 1.2000 [2] IDI/DI g/km | 2005 [2] IDI/DI g/km |
| ≤ 1250 | HC+NO$_X$ CO Partikel | 0,97 2,72 0,14 | 0,7 1,0 0,08 | 0,9 1,0 0,1 | 0,7 1,0 0,08 | 0,56 (0,50 [3]) 0,64 0,05 | 0,3 (0,25 [3]) 0,5 0,025 |
| ≤ 1700 | HC+NO$_X$ CO Partikel | 1,4 5,17 0,19 | 1,0 1,25 0,12 | 1,3 [4] 1,25 [4] 0,14 [4] | 1,0 1,25 0,12 | 0,72 (0,65 [3]) 0,8 0,07 | 0,39 (0,33 [3]) 0,63 0,04 |
| > 1700 | HC+NO$_X$ CO Partikel | 1,7 6,9 0,25 | 1,2 1,5 0,17 | 1,6 [4] 1,5 [4] 0,2 [4] | 1,2 1,5 0,17 | 0,86 (0,78 [3]) 0,95 0,1 | 0,46 (0,39 [3]) 0,74 0,06 |

[1]) Neuer europäischer Fahrzyklus (NEFZ), Beginn der Probennahme nach 40 s. [2]) Modifizierter NEFZ, ohne 40 s Vorlauf. [3]) NO$_X$ allein darf den angegebenen Klammerwert nicht überschreiten. [4]) Erst seit 01.98.

*Dieselverbrennung*

# Abgasgrenzwerte USA (Stand 1998)

Tabelle 4
**Grenzwerte für Pkw [g/Meile].**
**Fehlerüberwachung:** OBD II (Onboard-Diagnose der emissionsbestimmenden System-Komponenten)
**Dauerlaufnachweis:** 10 Jahre oder 100 000 Meilen, je nachdem, was zuerst eintritt.

| Modelljahr | 1993 | 1995 | 1996 | 1996 | 1998 | 1998 | 2001 | 2004 | 2003 | – [5] |
|---|---|---|---|---|---|---|---|---|---|---|
| Gültigkeit [1] | Cal. | Cal. | Fed. | Fed. | Cal. | Cal. | Fed. | Fed. | Cal. | Fed. |
| Standard | Impr.[2] | TLEF [2] | Tier1 [3] | CFV1[3] | LEF [2] | ULEF[2] | CFV2[3] | Tier2 [3] | ZEF [2] | ILEF [3] |
| Fahzyklus [4] | FTP-75 | FTP-75 | FTP-75 | FTP-75 | FTP-75 | FTP-75 | SFTP | SFTP | SFTP | SFTP |
| NMHC [5] | 0,31 | 0,31 | 0,31 | – | – | – | – | 0,125 | – | – [6] |
| HMOG [5] | – | 0,156 | – | 0,156 | 0,09 | 0,055 | 0,09 | – | 0 | 0,075 |
| HCHO [5] | – | 0,018 | – | 0,018 | 0,018 | 0,011 | 0,015 | – | 0 | – [6] |
| NO$_X$ | 1,0 | 0,6 | 1,25 | 0,6 | 0,3 | 0,3 | 0,3 | 0,2 | 0 | 0,20 |
| CO | 4,2 | 4,2 | 4,2 | 4,2 | 4,2 | 2,1 | 4,2 | 1,7 | 0 | 3,4 |
| Partikel | 0,08 | 0,08 | 0,1 | 0,08 | 0,08 | 0,04 | 0,08 | 0,1 | 0 | – [6] |

[1] Cal.: Kalifornien, Fed.: 49 Staaten. [2] Grenzwertstufen für Cal.: Impr.: für Basis-Entwicklung; LEV (Low Emissions Vehicle); ULEV (Ultra Low Emissions Vehicle): für „Schadstoffarme Pkw"; ZEV (Zero Emissions Vehicle): für „Schadstoffreie Pkw". [3] Grenzwertstufen für Fed.: Tier1, Tier2: für Standardkraftstoff; CFV1, CFV2: für „sauberen Kraftstoff"; ILEV (Inherently Low Emissions Vehicle): für „Niedrigst-emittierende Pkw". [4] Fahrzyklus FTP: Federal Test Procedure; Fahrzyklus SFTP: Supplemental Federal Test Procedure. [5] Kohlenwasserstoffe: NMHC: Kohlenwasserstoff-Emissionen ohne Methananteil; NMOG: Auswahl von sauerstofffreien und sauerstoffhaltigen Kohlenwasserstoffen; NCHO: Formaldehyd. [6] Noch nicht festgelegt.

Tabelle 5
**NMOG [1]-Grenzwerte [g/Meile] für den Flottendurchschnitt (nur für Kalifornien).**

| Modelljahr | 1994 | 1995 | 1996 | 1997 | 1998 | 1999 | 2000 | 2001 | 2002 | 2003 | 2004 | 2005 |
|---|---|---|---|---|---|---|---|---|---|---|---|---|
| NMOG [1] | 0,25 | 0,231 | 0,225 | 0,202 | 0,157 | 0,113 | 0,073 | 0,07 | 0,068 | 0,062 | 0,053 | 0,049 |

[1] NMOG: Auswahl von sauerstofffreien und sauerstoffhaltigen Kohlenwasserstoffen.

Tabelle 6
**Grenzwerte für schwere Nkw.**

| Modelljahr | 1994 | 1994 | 1996 | 1996 | 1998 | 1998 | 1998 |
|---|---|---|---|---|---|---|---|
| Gültigkeit [1] | Fed. | Cal. | Fed. | Cal. | Fed. | Fed. | Cal. |
| Standard [2] | HDV | HDV | UB | UB | HDV | UB | HDV |
| Abgastest: Prüfzyklus HDTTC (Heavy-Duty Transient Test Cycle) [g/(hp · h)] [3]. | | | | | | | |
| THC [4] | 1,3 | 1,3 [5] | 1,3 | 1,3 | 1,3 | 1,3 | 1,3 [5] |
| NMHC [4] | – | 1,2 [5] | – | 1,2 | – | – | 1,2 [5] |
| NO$_X$ | 5,0 | 5,0 | 5,0 | 4,0 | 4,0 | 4,0 | 4,0 |
| CO | 15,5 | 15,5 | 15,5 | 15,5 | 15,5 | 15,5 | 15,5 |
| Partikel | 0,1 | 0,1 | 0,05 | 0,05 | 0,1 | 0,05 | 0,1 |
| Rauchgastrübungstest: Prüfzyklus FST (Federal Smoke Test) [%]. | | | | | | | |
| A [6] | 20 | 20 | 20 | 20 | 20 | 20 | 20 |
| B [6] | 15 | 15 | 15 | 15 | 15 | 15 | 15 |
| C [6] | 50 | 50 | 50 | 50 | 50 | 50 | 50 |

[1] Cal.: Kalifornien, Fed.: 49 Staaten. [2] HDV: Heavy-Duty Vehicle (schwerer Nkw); UB: Urban Bus (Stadtbus) [3] hp · h: horse power · hour (Leistung · Zeit). [4] Kohlenwasserstoffe: THC: Summe aller emittierenden Kohlenwasserstoffe; NMHC: Kohlenwasserstoff-Emissionen ohne Methananteil. [5] Alternativ THC oder NMHC. [6] A: Beschleunigung; B: Vollastverzögerung; C: Max. Rauchspitze.

# Abgasgrenzwerte Japan (Stand 1998)

*Abgasprüftechnik*

Tabelle 7
**Grenzwerte für Pkw mit ≤ 10 Sitzplätzen.**
**Fahrzyklus 10·15-Stufen-Test für Schadstoff-Komponenten sowie**
**3-Stufen-Beschleunigungs- und Rauchtest.**

| Fahrzyklus | 10·15-Stufen-Heißtest | | | | | Rauchtest |
|---|---|---|---|---|---|---|
| Datum des Inkrafttretens [2] | Fahrzeug-bezugsmasse kg | HC g/km | NO$_X$ g/km | CO g/km | Partikel g/km | Schwärzung Filterpapier [1] % |
| 10.97 | max. ≤ 1265 | max./mittel 0,62/0.4 | max./mittel 0,55/0,4 | max./mittel 2,7/2,1 | 0,14/0,08 | 25 |
| 10.98 | > 1265 | 0,62/0,4 | 0,55/0,4 | 2,7/2,1 | 0,14/0,08 | 25 |

[1] Vollast-Rauchmessungen bei 3 vorgeschriebenen Drehzahlen bzw. bei freier Motorbeschleunigung.
[2] für im Inland produzierte und importierte Fahrzeuge unterschiedliches Gültigkeitsdatum.

Tabelle 8
**Grenzwerte für Nkw und Bus mit ≥ 11 Sitzplätzen. Zulässiges Gesamtgewicht > 2,5 t.**
**13-Stufen-Test für Schadstoff-Komponenten sowie**
**3-Stufen-Beschleunigungs- und Rauchtest.**

| Fahrzyklus | 13-Stufen-Test | | | | | Rauchtest |
|---|---|---|---|---|---|---|
| Datum des Inkrafttretens | Motorbauart | HC g/kWh | NO$_X$ g/kWh | CO g/kWh | Partikel g/kWh | Schwärzung Filterpapier [1] % |
| 10.94 | DI [2] | 2,9 | 6,0 | 7,4 | 0,7 | 40 |
|  | IDI [3] | 2,9 | 5,0 | 7,4 | 0,7 | 40 |
| 10.98 | DI [2] und IDI [3] | 2,9 | 4,5 | 7,4 | 0,25 | 25 |

[1] Vollast-Rauchmessungen bei 3 vorgeschriebenen Drehzahlen bzw. bei freier Motorbeschleunigung.
[2] Direkteinspritzmotoren.
[3] Kammermotoren.

# Dieseleinspritzsysteme im Überblick

**Dieselmotoren zeichnen sich durch ihre hohe Wirtschaftlichkeit aus. Seit dem Produktionsbeginn der ersten Serieneinspritzpumpe von Bosch im Jahre 1922 wurden die Einspritzsysteme ständig weiterentwickelt.**

Dieselmotoren werden in vielfältigen Ausführungen eingesetzt (Bild 1 und Tabelle 1), z. B. als
- Antrieb für mobile Stromerzeuger (bis ca. 10 kW/Zylinder),
- schnell laufende Motoren für Pkw und leichte Nkw (bis ca. 50 kW/Zylinder),
- Motoren für Bau-, Land- und Forstwirtschaft (bis ca. 50 kW/Zylinder),
- Motoren für schwere Nkw, Busse und Schlepper (bis ca. 80 kW/Zylinder),
- Stationärmotoren, z. B. für Notstromaggregate (bis ca. 160 kW/Zylinder),
- Motoren für Lokomotiven und Schiffe (bis zu 1000 kW/Zylinder).

## Anforderungen

Schärfer werdende Vorschriften für Abgas- und Geräuschemissionen und der Wunsch nach niedrigerem Verbrauch stellen immer neue Anforderungen an die Einspritzanlage eines Dieselmotors. Grundsätzlich muss die Einspritzanlage den Kraftstoff für eine gute Gemischaufbereitung je nach Diesel-Verbrennungsverfahren (Direkt- oder Indirekteinspritzung) und Betriebszustand mit einem Druck zwischen 350 und 2050 bar in den Brennraum des Dieselmotors einspritzen und dabei die Einspritzmenge mit der größtmöglichen Genauigkeit dosieren.
Die Last- und Drehzahlregelung des Dieselmotors wird über die Kraftstoffmenge ohne Drosselung der Ansaugluft vorgenommen.

Bild 1
**Anwendungsgebiete der Bosch-Diesel-Einspritzsysteme.**
**M, MW, A, P, ZWM, CW** Reiheneinspritzpumpen, ansteigende Baugröße, **PF** Einzeleinspritzpumpen, **VE** Axialkolben-Verteilereinspritzpumpen, **VR** Radialkolben-Verteilereinspritzpumpen, **UPS** Unit Pump System, **UIS** Unit Injector System, **CR** Common Rail System.

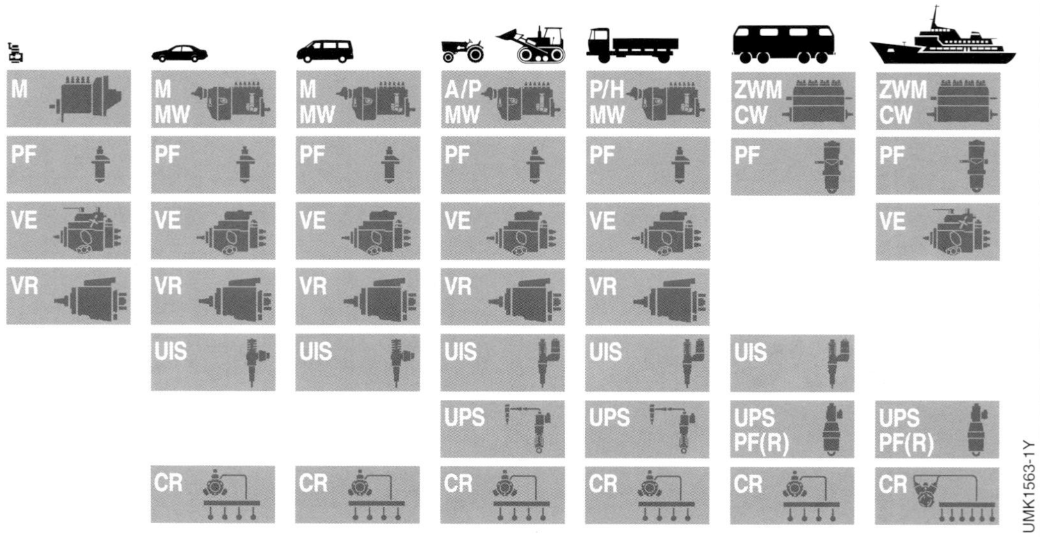

Die mechanische Regelung für Dieseleinspritzsysteme wird zunehmend durch die elektronische Dieselregelung (EDC) verdrängt. Im Pkw und Nkw werden die neuen Dieseleinspritzsysteme ausschließlich durch EDC geregelt.

*Anforderungen*

Tabelle 1
**Eigenschaften und Kenndaten der wichtigsten Hockdruck-Einspritzsysteme für Dieselmotoren.**

| Einspritzsystem Bauart | Einsatzgebiet (P / N / O / S) | Einspritzung | | Voreinspritzung PI / Nacheinspritzung NE | Ansteuerung (m / e / em / MV) | Direkteinspritzung DI / Vorkammereinspritzung IDI | Motorbezogene Daten | | |
|---|---|---|---|---|---|---|---|---|---|
| | Pkw und leichte Nkw / Nkw und Busse Off Highway[1] / Schiffe/Lokomotiven | Einspritzmenge pro Hub mm³ | max. Druck düsenseitig bar (0,1 MPa) | | | | Zylinderzahl | max. Nenndrehzahl min⁻¹ | max. Leistung pro Zylinder kW |
| **Reiheneinspritzpumpen** | | | | | | | | | |
| M | P | 60 | 550 | – | m, e | IDI | 4...6 | 5000 | 20 |
| A | O | 120 | 750 | – | m | DI/IDI | 2...12 | 2800 | 27 |
| MW | P, O | 150 | 1100 | – | m | DI | 4...8 | 2600 | 36 |
| P3000 | N, O | 250 | 950 | – | m, e | DI | 4...12 | 2600 | 45 |
| P7100 | N, O | 250 | 1200 | – | m, e | DI | 4...12 | 2500 | 55 |
| P8000 | N, O | 250 | 1300 | – | m, e | DI | 6...12 | 2500 | 55 |
| P8500 | N, O | 250 | 1300 | – | m, e | DI | 4...12 | 2500 | 55 |
| H1 | N | 240 | 1300 | – | e | DI | 6...8 | 2400 | 55 |
| H1000 | N | 250 | 1350 | – | e | DI | 5...8 | 2200 | 70 |
| ZWM | S | 900 | 850 | – | m | DI/IDI | 6...12 | 1500 | 150 |
| CW | S | 1500 | 1000 | – | m | DI/IDI | 6...10 | 1600 | 260 |
| **Axialkolben-Verteilereinspritzpumpen** | | | | | | | | | |
| VE..F | P | 70 | 350 | – | m | IDI | 3...6 | 4800 | 25 |
| VE..F | P | 70 | 1250 | – | m | DI | 4...6 | 4400 | 25 |
| VE..F | N, O | 125 | 800 | – | m | DI | 4, 6 | 3800 | 30 |
| VP37 (VE-EDC) | P | 70 | 1250 | – | em | DI | 3...6 | 4400 | 25 |
| VP37 (VE-EDC) | O | 125 | 800 | – | em | DI | 4, 6 | 3800 | 30 |
| VP30 (VE-M) | P | 70 | 1400 | PI | e, MV | DI | 4...6 | 4500 | 25 |
| VP30 (VE-M) | O | 125 | 800 | PI | e, MV | DI | 4, 6 | 2600 | 30 |
| **Radialkolben-Verteilereinspritzpumpen** | | | | | | | | | |
| VP44 (VR) | P | 85 | 1850 | PI | e, MV | DI | 4, 6 | 4500 | 25 |
| VP44 (VR) | N | 175 | 1500 | – | e, MV | DI | 4, 6 | 3300 | 45 |
| **Einzylinder-Einspritzpumpen/-systeme** | | | | | | | | | |
| PF(R)... | O | 13...120 | 450...1150 | – | m, em | DI/IDI | beliebig | 4000 | 4...30 |
| PF(R)... Großdiesel | P, N, O, S | 150...18000 | 800...1500 | – | m, em | DI/IDI | beliebig | 300...2000 | 75...1000 |
| UIS P1 | P | 60 | 2050 | PI | e, MV | DI | 5[2, 2a] | 4800 | 25 |
| UIS 30 | N | 160 | 1600 | – | e, MV | DI | 8[2] | 2400 | 45 |
| UIS 31 | N | 300 | 1600 | – | e, MV | DI | 8[2] | 2400 | 75 |
| UIS 32 | N | 400 | 1800 | – | e, MV | DI | 8[2] | 2400 | 80 |
| UPS 12 | N | 150 | 1600 | – | e, MV | DI | 8[2] | 2400 | 35 |
| UPS 20 | N | 400 | 1800 | – | e, MV | DI | 8[2] | 2400 | 80 |
| UPS (PF[R]) | S | 3000 | 1600 | – | e, MV | DI | 6...20 | 1500 | 500 |
| **Speichereinspritzsystem Common Rail** | | | | | | | | | |
| CR[3] | P | 100 | 1350 | PI, NE[4] | e, MV | DI | 3...8 | 4800[5] | 30 |
| CR[6] | P | 100 | 1600 | PI, NE[7] | e, MV | DI | 3...8 | 5200 | 30 |
| CR | N, S | 400 | 1400 | PI, NE[8] | e, MV | DI | 6...16 | 2800 | 200 |

[1]) Stationärmotoren Bau- und Landmaschinen, [2]) mit zwei Steuergeräten sind auch größere Zylinderzahlen möglich, [2a]) ab EDC16: 6 Zylinder, [3]) 1. Generation, [4]) PI bis 90° KW vor OT, NE möglich, [5]) bis 5500 min⁻¹ bei Schiebebetrieb, [6]) 2. Generation, [7]) PI bis 90° KW vor OT, NE bis 210° KW nach OT, [8]) PI bis 30° KW vor OT, NE möglich.

*Dieseleinspritzsysteme im Überblick*

# Bauarten

## Reiheneinspritzpumpen

Reiheneinspritzpumpen haben je Motorzylinder ein Pumpenelement, das aus Pumpenzylinder und -kolben besteht. Der Pumpenkolben wird durch die vom Motor angetriebene Nockenwelle in Förderrichtung bewegt und durch die Kolbenfeder zurückgedrückt.
Die Pumpenelemente sind in Reihe angeordnet. Der Hub des Kolbens ist unveränderlich. Damit eine Änderung der Fördermenge möglich ist, sind in die Kolben schräge Steuerkanten eingearbeitet, so daß sich mit dem Verdrehen des Kolbens durch eine Regelstange der gewünschte Nutzhub ergibt.
Zwischen Pumpenhochdruckraum und Druckleitungsbeginn sitzen je nach Einspritzbedingungen zusätzliche Druckventile. Diese bestimmen ein exaktes Einspritzende, vermindern Nachspritzer an der Einspritzdüse und sorgen für ein gleichmäßiges Pumpenkennfeld.

### Standard-Reiheneinspritzpumpe PE
Der Förderbeginn wird bestimmt durch eine Saugbohrung, die von der Oberkante des Kolbens verschlossen wird. Eine im Kolben schräg eingearbeitete Steuerkante, die die Ansaugöffnung freigibt, bestimmt die Einspritzmenge.
Die Lage der Regelstange wird mit einem mechanischen Fliehkraftregler oder elektrischen Stellwerk gesteuert.

### Hubschieber-Reiheneinspritzpumpe
Die Hubschieber-Reiheneinspritzpumpe unterscheidet sich von einer herkömmlichen Reiheneinspritzpumpe durch einen auf dem Pumpenkolben gleitenden Hubschieber, mit dem der Vorhub und damit der Förder- bzw. Spritzbeginn über eine zusätzliche Stellwelle verändert werden kann. Die Position des Hubschiebers wird in Abhängigkeit von verschiedenen Einflußgrößen eingestellt. Die Hubschieber-Reiheneinspritzpumpe hat im Vergleich zur Standard-Reiheneinspritzpumpe PE einen zusätzlichen Freiheitsgrad.

## Verteilereinspritzpumpen

Die Verteilereinspritzpumpen haben einen mechanischen Drehzahlregler oder einen elektronischen Regler mit integriertem Spritzversteller. Sie haben nur <u>ein</u> Pumpenelement für alle Zylinder.

### Axialkolben-Verteilereinspritzpumpe
Bei der Axialkolben-Verteilereinspritzpumpe fördert eine Flügelzellenpumpe den Kraftstoff in den Pumpenraum. Ein zentraler Verteilerkolben, der über eine Hubscheibe gedreht wird, übernimmt die Druckerzeugung und die Verteilung auf die einzelnen Zylinder. Während einer Umdrehung der Antriebswelle macht der Kolben so viele Hübe, wie Motorzylinder zu versorgen sind. Die Nockenerhebungen auf der Unterseite der Hubscheibe wälzen sich auf den Rollen des Rollenringes ab und bewirken beim Verteilerkolben zusätzlich zur Drehbewegung eine Hubbewegung.
Bei der herkömmlichen Axialkolben-Verteilereinspritzpumpe VE mit mechanischem Fliehkraft-Drehzahlregler oder elektronisch geregeltem Stellwerk bestimmt ein Regelschieber den Nutzhub und dosiert die Einspritzmenge. Der Förderbeginn der Pumpe kann durch einen Rollenring (Spritzversteller) verstellt werden. Bei der magnetventilgesteuerten Axialkolben-Verteilereinspritzpumpe dosiert ein elektronisch gesteuertes Hochdruckmagnetventil die Einspritzmenge anstelle eines Regelschiebers. Die Steuer- und Regelsignale werden in zwei elektronischen Steuergeräten (Pumpen- und Motorsteuergerät) verarbeitet. Die Drehzahl wird durch geeignete Ansteuerung des Stellgliedes (Aktor) geregelt.

### Radialkolben-Verteilereinspritzpumpe
Bei der Radialkolben-Verteilereinspritzpumpe fördert eine Flügelzellenpumpe den Kraftstoff. Eine Radialkolbenpumpe mit Nockenring und zwei bis vier Radialkolben übernimmt die Hochdruckerzeugung und -förderung. Ein Hochdruckmagnetventil dosiert die Einspritzmenge. Der Förderbeginn wird durch das Verdrehen des Nockenrings mit